爱上科学
Science

病毒的模样

■ 赵非 著

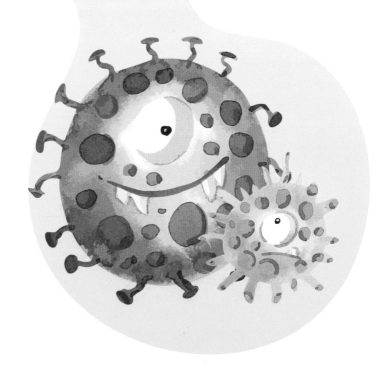

人民邮电出版社
北 京

图书在版编目（ＣＩＰ）数据

病毒的模样 / 赵非著. -- 北京 : 人民邮电出版社，
2024.8
（爱上科学）
ISBN 978-7-115-63535-8

Ⅰ. ①病… Ⅱ. ①赵… Ⅲ. ①病毒－普及读物 Ⅳ.
①Q939.4-49

中国国家版本馆CIP数据核字(2024)第051112号

内 容 提 要

本书从生物学的角度介绍了关于病毒的基本知识、病毒对人类的危害、如何巧用病毒为人类做贡献。书中用通俗易懂、生动活泼的语言为读者深入浅出地展开介绍，在保证科学性的同时，通过比喻的方法让普通读者能够更好地认识和了解病毒；在介绍一些人们肉眼不可见的微观世界的反应时，尽可能地使用人们日常生活中常见的事物和情况进行描述，用有趣的方式介绍复杂的生理过程。本书适合对病毒感兴趣的普通读者阅读。

◆ 著　　　赵　非
责任编辑　胡玉婷
责任印制　马振武
◆ 人民邮电出版社出版发行　　北京市丰台区成寿寺路 11 号
邮编　100164　　电子邮件　315@ptpress.com.cn
网址　https://www.ptpress.com.cn
北京盛通印刷股份有限公司印刷
◆ 开本：700×1000　1/16
印张：14.75　　　　　　2024 年 8 月第 1 版
字数：202 千字　　　　2024 年 8 月北京第 1 次印刷
定价：89.80 元
读者服务热线：**(010)53913866**　印装质量热线：**(010)81055316**
反盗版热线：**(010)81055315**
广告经营许可证：京东市监广登字 20170147 号

│ 序　言 │

　　2020年很可能会以一个意想不到的方式被永远写进人类的历史！这一年，有一个"幽灵"在世界范围内肆虐。各国政府制定了各种应对策略，希望能尽快控制住它的传播，避免负面影响进一步扩大；全球的科学家和医疗卫生人员合作攻关，为找到克制它的方法而努力开展各种研究。这个"幽灵"引发了巨大的关注，成为人们每天谈论和关注的焦点。然而，直到2024年，人类还是没有找到彻底打败它的有效"武器"，尽管有了一些对抗它的方法，但往往陷入左支右绌的窘境，不能一劳永逸地彻底解决，仍然需要忍受它的时时骚扰。

　　这个"幽灵"，是一种病毒。虽然造成的危害巨大，但是它的真身却是个直径约125纳米[1]的小不点，差不多是普通头发丝粗细的千分之一。借助可以放大数十万倍的电子显微镜，这个毫不起眼的小东西的外表看上去有些类似国王的皇冠，有很多突起，所以被称作"冠状病毒"（coronavirus）。在此之前，人类已经发现了几种冠状病毒，但2020年肆虐全球的这一种和以前的那些都不太一样，所以它被称作"新型冠状病毒"[2]（下文简称新冠病毒）。感染人体之后，它可以引发新型冠状病毒感染[3]（下文简称新冠病毒感染），严重的时候甚至会导致人死亡。

　　经过全球范围内3年多的严密防控，配合疫苗、药物的围追阻截，新型冠状病

1　纳米是一个长度单位，记作nm，1,000,000,000纳米等于1米。
2　官方正式名称是SARS-CoV-2，2型严重急性呼吸综合征冠状病毒。
3　英文名称是COVID-19，其中"CO"代表"冠状"（corona-），"VI"为"病毒"（-virus），"D"表示"疾病"（disease），而19则是指这种疾病是在2019年被发现的。

毒感染疫情（下文简称新冠疫情）终于得到控制。世界卫生组织在2023年5月5日宣布：新冠疫情不再构成国际关注的突发公共卫生事件。但是，虽然新冠疫情告一段落，新冠病毒却并没有销声匿迹，它仍是一个潜在的隐患和持续的威胁，需要在相当长的一段时间内作为重点关注对象在全世界范围内被密切监控。

其实，科学家们早就已经预见了全球突发大流行疾病这种情况的发生。在2015年，为了提早应对可能对全球健康造成威胁并引发严重公共卫生危机的疾病，世界卫生组织建立了一个"蓝图计划"，其中提出了一个"优先研究疾病清单"，清单中的疾病最有可能严重影响全球人类的生命健康，因此建议全球科学家优先研究它们，发展预防、诊断、检测、治疗手段。这份清单会根据全球疾病的情况定期更新，被收入其中的包括很多致死率极高的烈性传染病（比如臭名昭著的埃博拉出血热、马尔堡出血热、拉沙热、裂谷热等），还有曾经在局部地区暴发并且造成较严重公共卫生危机的传染病[比如严重急性呼吸综合征（SARS）、中东呼吸综合征（MERS）和寨卡感染等]。就在2018年2月，"蓝图计划"发布的新一版清单中突然出现了一个仿佛从科幻小说里走出来的名字——"X疾病"。其实"X疾病"并不是一种特定的疾病名称，只是一个代号。就像数学里用"X"代表一个未知数一样，"X疾病"代表人们认为可能会有某种不确定的疾病席卷全球，在世界范围泛滥，严重威胁全体人类的健康与生命，甚至可能夺走数百万人的生命。科学家们认为"X疾病"最有可能是一种传染病，而"X疾病"的致病元凶有可能是科学家已经知道的病原体[4]，也有可能是一种已经存在于我们的世界上但还没有被人类所发现的病原体，甚至可能是一种目前还不存在的全新的病原体。然而，距离科学家提出"X疾病"这个概念仅仅不到两年，就出现了"候选者"，这就是2019年年底发现的新冠病毒导致的感染。

---

4 病原体是对能引起疾病的微生物和寄生虫等的统称。其中绝大多数是微生物，包括病毒、衣原体、立克次体、支原体、细菌、螺旋体和真菌等。

无独有偶。为了促进全球卫生和教育领域的平等，美国微软公司的联合创始人之一比尔·盖茨和梅琳达·盖茨在2000年1月成立了"比尔和梅琳达·盖茨基金会"，他们在促进全球人类健康、消除传染病等领域做出了很多努力。比尔·盖茨早在2016年就曾经提出警告："如果有什么可以在未来几十年内造成上千万人死亡，那它很可能是一种高传染性的病毒，而不是战争。"这一观点与世界卫生组织提出的"X疾病"不谋而合。

不光是世界卫生组织和比尔·盖茨，还有很多科学家也同样忧心忡忡。他们一直以来都有一个观点：传染病（尤其是病毒引发的烈性传染病）就是像悬挂在全体人类头上的达摩克利斯剑一样，随时都可能造成局部地区的传染病暴发，甚至蔓延成为全球性的大流行。

无论是忧心忡忡的科学家、做出警告的比尔·盖茨，还是提出"X疾病"的世界卫生组织，都不是预言家，也没有通过"水晶球"提前看到潜在危机。他们之所以做出上述预警和判断，正是因为他们了解病毒可能造成的严重影响，也知道人类对病毒的认识还极其有限，目前我们还没有做好准备应对未来可能来袭的新病毒。

大家会不会好奇，这个可能威胁全人类生命健康的家伙——病毒，到底是什么呢？病毒长什么样？病毒由什么组成？病毒和世界上的其他生命有什么相同之处，又有什么不同的地方？病毒和我们一样有生老病死吗？病毒是怎么来到这个世界上的？病毒和地球上其他生物的关系是怎样的？

人人都知道病毒会让我们生病，但是病毒究竟是怎么进入人体的？在进入我们身体之后，病毒又是如何让我们生病的？为什么病毒会从一个人传播给另一个人，从一个人传播到一群人，甚至从动物传播到人类？我们应该怎么做才能预防病毒的感染，怎么样才能治疗病毒引起的疾病，又应该怎么对抗病毒的传播？

最后，大家一定还想知道，难道病毒真的就是十恶不赦的大坏蛋，只能让我们生病吗？我们能利用病毒做一些对人类有益的事情吗？

　　在本书里，笔者将尽量用简单的语言为大家介绍有关病毒的一些基本知识。在保证科学性的同时，尽量避免使用太多佶屈聱牙、让人望而生畏的专业名词；在介绍一些我们肉眼不可见的微观世界的反应时，尽量使用我们日常生活中常见的事物和情况进行类比，用打比方的方式介绍复杂的生理过程。

　　希望大家在读完此书后，能够找到上面这些问题的部分答案。

　　更重要的是，希望大家通过这本书能够建立起对医学、微生物学、病毒学、分子生物学、免疫学等学科的兴趣（当然，这些都属于广义的生命科学），今后能够和书中介绍的众多科学家一样，投身科学研究的事业中，在追求真理、揭示自然的同时，努力为全人类的卫生、健康、科学进步做出自己的贡献。

| 目 录 |

万丈高楼平地起，理解任何新的事物、学习任何新的知识都需要一定的基础。本书包含了一些大家之前可能听说过，但不一定非常熟悉的概念。为了帮助大家更好地理解有关病毒和生命的知识，我觉得有必要先简单介绍一下生命科学领域常见的基本知识。为了避免那些严谨但是佶屈聱牙的学术语言和专业术语影响大家的阅读兴趣，我会尝试使用容易理解的普通比喻，把这些事情讲清楚。

DNA是什么？

DNA是脱氧核糖核酸（deoxyribonucleic acid）的英文全称的首字母缩写。简单来讲，DNA长得像一部被卷成螺旋状的长软梯（被称为双螺旋），每一条梯子腿就像一条长长的链子一样，上面挂着很多被称为碱基的"字母"。这些碱基一共有4种，分别用A、T、C、G[5]4个字母代表，为了便于理解，我们在本书中用"字母"来代替这些碱基的名字。两条梯子腿上的"字母"通过A配T和C配G的规则相互配对，就好像是梯子的横梁。大家可以把它们想象成特殊的磁铁，A只能和T相互

---

5 腺嘌呤（Adenine）、胸腺嘧啶（Thymine）、胞嘧啶（Cytosine）、鸟嘌呤（Guanine）分别用它们英文名称的首字母A、T、C、G指代。

吸引，而C只能和G两两匹配。

DNA是我们生命中最重要的物质之一，ATCG通过不同排列顺序，像密码一样编写了生命的信息，并作为遗传物质把这些信息一代代传递下去，所以又被称为生命的密码。绝大多数生物，也包括我们人类，都是以DNA作为遗传物质。

RNA是什么？

RNA是核糖核酸（ribonucleic acid）的英文全称的首字母缩写，它和DNA统称为核酸。之所以被称为核酸，是因为它们最初是在细胞的细胞核里被发现的，而且具有一定的酸性。RNA和DNA非常相像，长得也是长链挂着很多碱基的样子。但是和DNA的双链不同，RNA只有一条链；而且RNA上所有的T都被替换成了U，所以RNA是由A、U[6]、C、G四种碱基组成的。

RNA在我们生命中也具有不可或缺的重要作用。RNA可以通过折叠自己形成形状不同的"微型机器"，直接行使很多生物功能，这一点和下文要介绍的蛋白质形成的"酶"类似。但更重要的是，RNA还可以指导蛋白质的合成，它能通过AUCG的不同序列产生不同的蛋白质。另外，和DNA一样，RNA也可以作为遗传物质传递生命的信息。不过，在地球上已知的生命里，只有一部分病毒能以RNA作为自己的遗传物质。

"脱氧核糖核酸"和"核糖核酸"这两个名字有点太复杂了，不好记也不好说。所以，大家先记住它们的英文缩写DNA和RNA就行了。

6　U代表尿嘧啶（Uracil）。

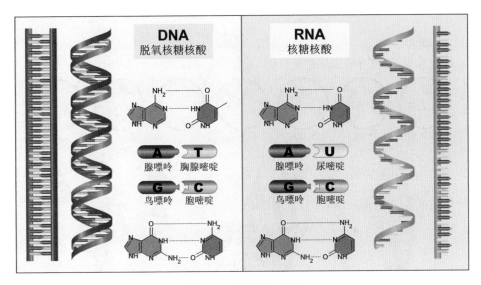

图0-1：DNA和RNA

蛋白质是什么？

蛋白质是组成一切生命体的重要成分。因为它最初是从蛋清里被发现的，所以被命名为蛋白质。从结构的角度简单地说，蛋白质可以看作由一个个被称作氨基酸的小球连接在一起形成的一条长串珠。不同的氨基酸小球带有不同形状的枝枝杈杈，它们之间相互缠绕就使蛋白质串珠呈现出不同的形状和结构。有的蛋白质好像砖石一样，可以形成固定的结构。而更多的蛋白质就好像一台台功能各异的微型机器，在生命体的细胞内完成各种不同的工作，作为催化剂高效介导特定生物反应的进行，这一类特殊的蛋白质也可以被称作酶。

每一种蛋白质都是由特定的DNA[7]片段所决定的，就像根据设计蓝图生产零件或建造机器一样。

---

7 对于那些以RNA作为遗传物质的病毒来讲，蛋白质则是由特定的RNA片段决定的。

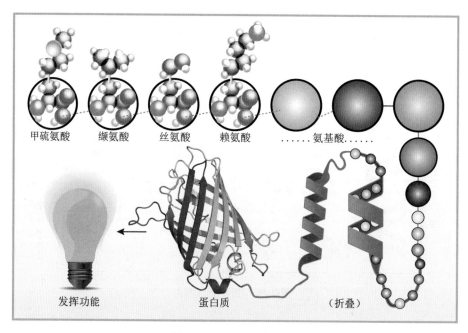

图0-2：蛋白质的组成

细胞是什么？

细胞是生物体形态结构以及生命活动的基本单位。有时候，一个细胞就是一个生物体，比如细菌和部分简单的藻类。但我们可以看到的大多数生物，都是由数量巨大、种类繁多的不同细胞构成的。各种细胞独立运转，但又分工合作，从而构成了或原始或高级的生命形式，完成了或简单或复杂的生命活动。

为了维持自己的生存，同时行使特定的生理功能，每一个细胞就像一个装备齐全的微型工厂，拥有一整套各种各样的、由不同蛋白质构成的机器，用来完成吸收营养、代谢能量等各种生理活动。

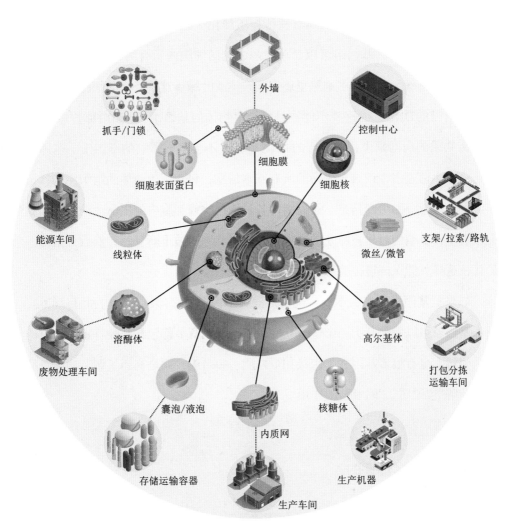

外墙

控制中心

抓手/门锁

细胞膜

细胞核

细胞表面蛋白

支架/拉索/路轨

能源车间

线粒体

微丝/微管

溶酶体

高尔基体

废物处理车间

打包分拣
运输车间

囊泡/液泡

核糖体

内质网

存储运输容器

生产机器

生产车间

图0-3：细胞工厂的示意图

基因和基因组是什么？

刚才讲到的DNA、RNA和蛋白质都是实实在在的物质，接下来要介绍的基因
和基因组则是科学家为了便于理解和解释，从而人为定义的概念。注意，它们虽然
有对应的实体物质（比如DNA或RNA），但并不完全等同于这些实体物质。

基因组是指一个生物体内所有遗传物质加在一起的总和。对于以DNA作为遗传物质的生物来讲，基因组可以简单理解成它的细胞内所有的DNA（但是这个说法并不完全正确，因为很多细胞里还有线粒体或叶绿体这些特殊的细胞元件，里面也含有自己的DNA，而这些不能算是整个生物体的基因组）；而对那些以RNA作为遗传物质的病毒来讲，它全部的RNA也就差不多组成了它的基因组。基因组就像是一本生命之书，记录了生命的所有基本信息，包含了生命体的组织结构，记录了各种细胞组分的生产信息，还能指挥各种细胞间或细胞内的生命活动。在细胞分裂或者生命繁殖的时候，原来的基因组蓝图也会一同被重新复制，然后分给每一个后代，这样就能保证遗传信息连绵不绝地传递下去了。

如果把基因组看作一本百科全书，记录了构造生命体所有结构和组分的信息，那么基因就可以看作其中一个个独立的章节，每个章节都包含某种特定蛋白质的信息。当然，也有很多基因并不直接和蛋白质一一对应，而是充当了调节功能，类似于"注解""说明""附录"的作用。

遗传信息是怎么传递的？

作为一种"信息"，遗传信息不仅能被复制，也可以被传递。遗传信息在DNA、RNA、蛋白质之间的传递顺序，就是生物学最重要、最基本的规律之一——中心法则。中心法则是由揭示DNA双螺旋结构并因此获得1962年诺贝尔生理学或医学奖的英国科学家弗朗西斯·克里克在1957年最先提出的，后随着分子生物学的研究深入和对生命过程的不断揭示，历经多次修订和完善最终形成，目前用来表示生命遗传信息的流动方向或传递规律。它大致包括DNA转录成为RNA（RNA的信息也可以通过逆转录传递到DNA），RNA指导蛋白质翻译，DNA和RNA也会进行自我复制，而一些特定的蛋白质会参与前面这些过程，协助这些遗传信息的维持和传递。

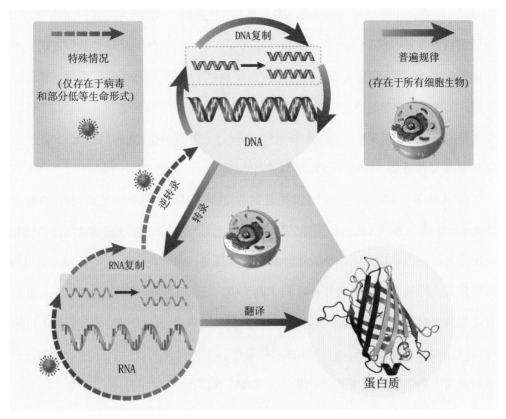

图0-4：遗传信息的传递——中心法则

DNA复制

在细胞里，DNA利用ATCG这4种碱基以不同的排列顺序储存着可以传递的信息；当细胞经历一分为二的分裂时，DNA会变成一模一样的两份，信息也就得到了复制。DNA的复制是由一种名叫"DNA聚合酶"的特殊蛋白质来完成的。这个过程，就好比由一名"抄写员"照着原来的"蓝图"，重新抄写一本新的"蓝图"。DNA就像是一部挂满A、T、C、G的螺旋软梯，两条链上的碱基按照A-T和C-G的规律互相吸引配对。当DNA复制的时候，DNA聚合酶像是"抄写员"，按照DNA梯子中每一条腿上的A、T、C、G顺序，根据A-T和C-G的配对原则，把相对应的

T、A、G、C一个一个地加到新的DNA链上。就这样，"DNA聚合酶"制作出了2条新的碱基链，从一副梯子的2条腿变成了4条腿，正好两两配对组成了2副一模一样的DNA梯子。这样一来，就好像按下了复制的按钮，DNA完成了由一到二的复制。

DNA的信息传递给RNA——转录

DNA的信息也可以传递给RNA，这个过程被称为转录，是通过一种名叫"RNA聚合酶"的特殊蛋白质完成的。DNA的信息虽然重要，但是不能被直接解读，而是需要被转换成RNA。"RNA聚合酶"就好像是一名"传令员"，把DNA蓝图的特定信息，转换成可以被直接解读的"鸡毛信"。这个过程和刚才说过的DNA复制有点类似：RNA聚合酶像是"传令员"，按照DNA梯子一条腿上的A、T、C、G顺序，根据A-U（或者T-A）和C-G的配对原则，把相对应的U、A、G、C一个一个地加到新的RNA链上，从而写出了一条RNA"鸡毛信"。

RNA复制

对于部分用RNA作为遗传物质的病毒来讲，它们所携带的遗传信息也可以通过RNA的复制而复制。RNA的复制是借助被称为"RNA依赖的RNA聚合酶"的一种特殊蛋白质来完成的，它的功能和刚才讲的复制DNA所需的"抄写员"——DNA聚合酶有些类似，为了简单起见，就把它叫作"RNA抄写员"吧。本书后边还会提起这个过程[8]。

---

8 有些RNA本身就可以作为"鸡毛信"而被直接解读它所携带的信息，但也有一些RNA同样需要转录的过程，变成"鸡毛信"再被解读。但这件事情有点复杂，本书暂时略过不提，暂时就把RNA都当作"鸡毛信"来看待吧。同样，RNA的复制过程也不在本书里仔细介绍了。大家只需要记住，RNA可以复制就好了。

RNA的信息传递给DNA—— 逆转录

对于极少数病毒来讲，它们的RNA信息也可以重新逆转录成DNA的形式。这是一个非常特殊的过程，而能做到这件事情的，也是一种被叫作"逆转录病毒"的非常特殊的病毒[9]，本书后边还会多次说到它。这些病毒有一种非常特殊的蛋白质，叫作"逆转录酶"，可以完成把RNA的信息写成DNA信息的过程，正好和"传令员"RNA聚合酶的功能相反，为了便于理解，就叫它"反向传令员"吧。下文还会说到这个过程。

RNA指导蛋白质的合成—— 翻译

刚才在介绍蛋白质的时候曾经提到过，每一个蛋白质都是由特定的DNA片段所决定的，这究竟是怎么回事呢？

DNA所包含的信息经过转录传递给RNA后，就可以被直接用来指导蛋白质的合成[10]。DNA或RNA上的每3个特定组合的碱基对应一个特定的氨基酸（就是上文说过的组成蛋白质的小球）。因此，当某一段DNA通过A-U（或者T-A）和C-G的配对原则把自己所含的信息传递给了RNA"鸡毛信"之后，这些信息就可以直接被解读，RNA"鸡毛信"从而通过每3种碱基对应一个氨基酸的方式决定一段蛋白质的氨基酸排列。不同的氨基酸排列顺序决定了蛋白质的形状、结构和功能的不同，因此含有不同碱基排列顺序的DNA或RNA片段，就对应了不同的蛋白质。这个过程，就好像根据设计蓝图生产零件或建造机器一样。而一旦DNA或RNA蓝图里的碱基序列发生变化，就会导致它们所决定的蛋白质也出现相应的变化，进一步讲，这些蛋白质的形状、结构和功能也会受到影响。

---

9 其实还有极少数其他病毒（比如乙型肝炎病毒）的生命周期中也有这个过程，但在本书里就不详谈了。

10 也有很多RNA的信息不用来指导蛋白质生产。

第一章
病毒概述

　　病毒是一种神奇而独特的存在。病毒和地球上其他生物相比，虽然也有一些相似之处，但更加显著的是区别。甚至就连病毒是否属于生命，都还没有定论。1965年诺贝尔生理学或医学奖得主、病毒学家安德烈·利沃夫曾发出如此感叹："病毒就是病毒。"

　　这么玄而又玄的病毒，究竟是什么？

病毒是什么？

病毒的定义

　　相传古希腊哲学家柏拉图曾试图把人类定义成"二足无毛的群居动物"，大家都觉得这个定义准确精辟，简直太完美了。结果古希腊的另一位著名哲学家第欧根尼把一只鸡拔光了羽毛，指着它说："这就是柏拉图所定义的人。"人们面面相觑，既不认同这一说法，但又找不出反驳的理由。所以，大家后来只好在柏拉图的人类定义上又加了一条"指甲扁平"，这才勉强过了"无毛鸡"这一关。但即便如此，修补之后的这个定义仍然没有准确说明究竟什么才是人。

　　对于病毒来讲也是一样，我们很难用一两句话清晰地给病毒下一个准确的定义。随着科学技术的高速发展，人类对病毒的认识逐渐深入，病毒的定义也在经历不断的修正。目前，科学界一般认为病毒是一类具有感染性的微小颗粒状物质，它们没有细胞结构，基本结构相对简单，最关键的特点是，它们必须完全依赖细胞寄生。也就是说，病毒只能通过感染进入合适的细胞之后，才能够在细胞内复制合成出更多的病毒。

病毒的特点

个体微小

人们在介绍不同大小的东西时，需要使用不同的单位。比如，银河系直径约10万光年，北京到武汉的距离约1200千米，我的身高1.8米，成年人的小拇指指甲宽约1厘米，正常粗细的头发直径略小于0.1毫米（即100微米）。对于病毒，我们一般需要用纳米作为单位描述它们的大小。大家在生活中一定听说过"纳米"这个词，也应该知道"纳米"是非常小的。那么，"纳米"究竟有多小呢？如果能把一根头发的宽度（约100微米）分成10万份，差不多一份就是1纳米。

正常环境下，人类肉眼最小能分辨0.05毫米宽的线条。也就是说，我们很难用肉眼直接看清楚比半根头发丝更细小的东西。为了看清楚更小的东西，人类发明了各种各样的工具，其中显微镜就是用来观察微观世界的利器。人们在借助光学显微镜观察微观世界的时候，会发现我们体内各种细胞的直径小至几微米，大到几百微米，比如红细胞长得就像是一个直径约7.7微米的扁盘子。还会发现我们身体的表面和内部还生活着大量的细菌，它们的直径大小多数在零点几微米到几十微米，比如皮肤上常见的金黄色葡萄球菌是直径约1微米的小球，而肠道里数量众多的大肠杆菌则是1.5微米粗、3.0微米长的小短棒。

肉眼看不见、必须借助于光学显微镜才能看到的细菌已经够小了吧！但是相比于病毒，细菌可算得上庞然大物了。如果我们把病毒放在光学显微镜下观察，我们会发现，能把细菌看得清清楚楚的显微镜好像出毛病了。个头较小的病毒完全看不见；那些大块头的病毒，看起来也是模糊一团，就像是近视的人没戴眼镜看东西一样。这是因为一般的光学显微镜最小也只能看见200纳米左右的东西，但多数病毒大小在5 ～ 300纳米，因此科学家只能借助放大倍数更高的电子显微镜才能观察到病毒。

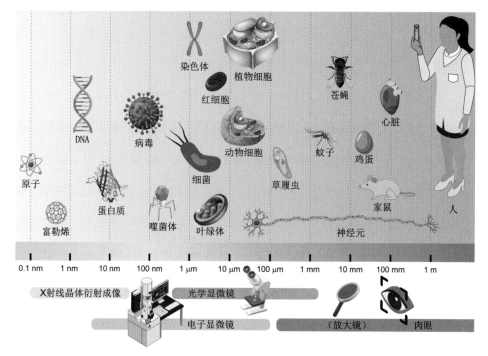

图1-1：常见代表性事物的尺度

借助电子显微镜几十万倍放大的帮助，我们终于得以一睹病毒的真颜。原来病毒也有各种不同的样子，有的像颗小球，有的小球上还插着长短不一的签子；有的像根长棍子，有的像根短棒；有的一头尖一头平像颗子弹，有的像一条恶心的丝虫，甚至还有些长得像从科幻世界里走出来的机械蜘蛛。

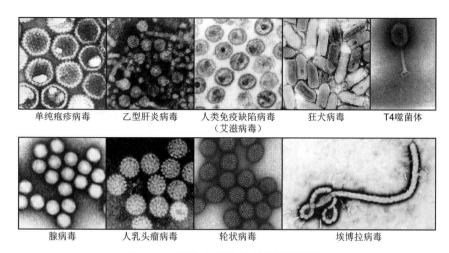

单纯疱疹病毒　　乙型肝炎病毒　　人类免疫缺陷病毒　　狂犬病毒　　T4噬菌体
　　　　　　　　　　　　　　　　　　（艾滋病毒）

腺病毒　　　人乳头瘤病毒　　　轮状病毒　　　埃博拉病毒

图1-2：几种病毒的电子显微镜照片

不过，电子显微镜下的病毒照片不仅是黑白的，而且还模模糊糊，虽然真实，但是看起来不太直观、形象。所以，科学家们根据这些电子显微镜实拍照片，开启"美颜"模式，把每种病毒的特征和共性凸显出来，又加上不同颜色区分不同组分，制成了各种病毒的模式图。

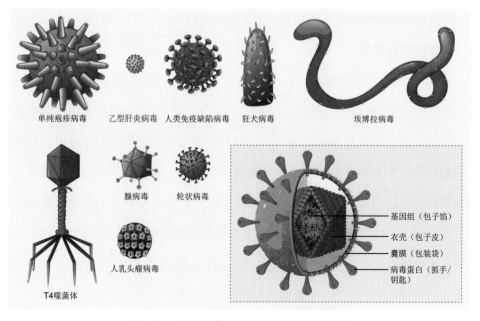

单纯疱疹病毒　乙型肝炎病毒　人类免疫缺陷病毒　狂犬病毒　　埃博拉病毒

腺病毒　　轮状病毒

人乳头瘤病毒

T4噬菌体

基因组（包子馅）
衣壳（包子皮）
囊膜（包装袋）
病毒蛋白（抓手/钥匙）

图1-3：几种病毒的典型形态与相对尺度

结构简单

细胞是生物体形态结构和生命活动的基本单位，而病毒恰恰就是没有细胞结构的"极简"生命形式。

虽然病毒看起来形态各异，互不相同，但实际上万变不离其宗，它们都具有相同的基本结构：由蛋白质外壳包裹着核心的遗传物质，有些病毒的最外侧还有一层膜。我们可以想象一下常吃的包子：遗传物质（基因组）就是包子馅，这是整个包子最重要的成分；外面包裹的蛋白质外壳（衣壳）就是包子皮，主要是用来保护内部的遗传物质的；有时候包子外面还套着一个塑料包装袋，这就是有些病毒所拥有的最外侧的那层囊膜了（囊膜上也有很多病毒蛋白，它们可以充当病毒感染细胞时的抓手或钥匙）。病毒之所以形态各异，主要是因为构成外壳的蛋白质种类和数量各不相同，它们按照不同方式组合在一起，就表现出不同的样子。想象一下我们把刚才的包子皮做得像著名的陕西花馍一样，虽然都是由面和馅组成的，但是那些面可以被塑造成各种不同的形状。

那么，遗传物质是什么？别急，下文就会说到了。

严格细胞内寄生

我们可以看到的大多数生物，都是由数量巨大、种类繁多的不同细胞所构成，行使不同功能的细胞独立运转但又分工合作，从而构成了或原始或高级的生物结构，完成了或简单或复杂的生命活动。但有时候一个独立的生物体也可以仅由一个细胞构成，比如细菌和部分简单的藻类就是如此。在合适的环境里，如果一个细胞遇到充足的营养物质，它会把自己越吃越"胖"，之后再把自己从中间一分两半，变成两个一模一样的自己。这个过程就叫作细胞分裂。花草树木从土壤中吸收养料，牛羊牲畜吃牧草，小朋友们每天吃三餐，生命逐渐越长越大的过程，其实就是体内的细胞一变成二、二变成四的不断分裂复制的过程（对于细菌和藻类等，就是越长越多的过程）。刚出生的人类婴儿有3千克左右，而当他长大成人以后，体重可以达到大约75千克。在这个过程中，他体内的细胞数量从2×10^{12}个增加到约4×10^{13}个，这都是通过细胞分裂完成的。

但是，病毒可就不一样了。不管你给它提供什么山珍海味、美味珍馐，只要不是细胞，甚至只要这个细胞不是它喜欢的类型，病毒就不为所动。只有当遇到了合适的细胞，病毒才会通过自己的独门秘籍进入细胞里，开始准备大量繁殖。好不容易有机会碰到了合适的细胞，病毒可不会满足于像细胞分裂那样一变二、二变四，这个过程实在太慢太麻烦了。病毒选择的繁殖方式，是像孙悟空一样，"噗"一口"仙气"，变出成百上千个自己。

和其他由细胞构成的生物相比，病毒的生产过程也非常特殊。我们可以看看工厂是怎么生产汽车的。首先，利用不同的机器分别制造发动机、车轮、车体等各种不同的零部件，然后，把这些零部件装配成完整的车辆，这样可以大大提高生产效率和速度。病毒也采用了类似的策略，先在细胞中利用不同的细胞机器生产出大量的不同病毒组分，再装配成新的病毒颗粒。这个过程具体是怎么样的，本书后面会再讲。

注意，在这里要敲黑板了，病毒最重要的一个特点就是：只能严格地利用寄生方式在合适的细胞里繁殖。

病毒的组成成分

上文提到，病毒的基本组成是：遗传物质（基因组）、蛋白质外壳（衣壳）和外边包裹的一层膜（囊膜），那么这些东西究竟都是些什么呢？

遗传物质——基因组

遗传物质就是生物体用来储存和传递遗传信息的那些物质。我们的老祖宗从上古时期把生命的信息利用这些遗传物质一代一代传给我们，我们还将继续把它们一代一代传递下去。正是由于身体里的这些遗传物质，让我们长得像我们的父母，让我们的孩子长得像我们。遗传物质传递的过程就如同几千年中华文明代代相传一样，虽然在传承的过程中有修改、有补充、有删减，但始终没有中断，现代的文化虽然和以前的不完全相同，但是始终可以找到千年之前文化的痕迹。

世间一切具有基本细胞结构的生物，飞禽走兽、花草树木，甚至真菌和细菌等，都是把DNA作为遗传物质，所以可以说DNA是生命最重要的分子之一。但是特立独行的病毒有着不同的选择，除了一部分病毒像其他生物一样选择用DNA记录自己的遗传信息以外，还有一些病毒把RNA作为它们的遗传物质。很多我们耳熟能详的病毒，比如近年肆虐全球的新冠病毒、每年都来骚扰我们的流行性感冒病毒、令人闻之变色的埃博拉病毒等，它们的遗传物质都是RNA。

遗传物质就是一本生命之书，是一份有关生命体的设计蓝图，里面写有生物个体的一切信息，指导着生物体发展成它应该变成的样子，也决定着生物体的一切生命活动。

绝大多数生物的基因组都很庞大。想想也对，毕竟基因组需包含生物体所有的生命信息，这是多么庞大的信息量啊，当然需要庞大的基因组来记录这些信息。已知的可以独立生存的自然生物中，基因组最小的是一种叫支原体的特殊"细菌"[11]，大概由58万个ATCG的碱基组成；而人类的基因组大约由31亿个碱基组成。那么，是不是体形越大或者越高等的生物基因组也越大呢？并非如此。世界上最大的基因组共有6700亿个碱基，是人类基因组的200多倍。但拥有这么庞大基因组的生物，并不是大象、鲸鱼，也不是恐龙，而是一种叫作无恒变形虫[12]的特殊微生物。可见，基因组大小和生物体形或发展等级没有直接关系。

而病毒的基因组比其他生物要小得多。目前，病毒基因组的最小纪录由一种圆

---

11 严格来讲，支原体不属于细菌，而是独立的微生物类别，叫它"特殊细菌"是为了便于理解。

12 Amoeba dubia。

环病毒保持，只有大约859个碱基；最大纪录的保持者则是潘多拉病毒，它的基因组居然有277万个碱基，不过这已经是罕见的庞然大物级别的特殊病毒了。我们日常生活里常见病毒的基因组大多在几千个到几万个碱基，少部分具有一二十万个碱基基因组的病毒已经算是比较大了。

蛋白质外壳——衣壳

病毒的遗传物质是包裹在蛋白质外壳中的，这层蛋白质外壳就像是病毒遗传物质的衣服，所以叫作衣壳。衣壳一般是由少数几种蛋白质按照一定规则组合在一起形成的，这些组成衣壳的蛋白质称为衣壳蛋白。不同病毒的衣壳蛋白种类、大小和数量都不相同，所以由它们组合形成的病毒衣壳自然也有不同的尺寸和形状。

病毒衣壳最常见的两种基本形状是球状和管状。病毒的基因组较小，不能指导生产出太多种类的蛋白，所以它采取了高性价比的策略：用尽可能简单的衣壳蛋白基本部件组装出体积尽量大的衣壳，以容纳自己的基因组。

很多病毒衣壳都是球状的（严格来讲其实是接近球状），往往呈正二十面体结构。病毒之所以选择正二十面体作为自己的衣壳形态，很可能还涉及数学原理。如果一个多面体的每一个面都是完全相同的正多边形，就被称作正多面体。世界上的正多面体一共有5种，分别是正四面体、正六面体（也就是正方体）、正八面体、正十二面体、正二十面体。对于病毒来讲，需要利用有限种类的衣壳蛋白，首先组装成相同的基本部件（面），然后再用这些面组装成衣壳（体）。那么，如果要用相同的基本部件组装出容积最大的衣壳以容纳遗传物质，最经济实惠的选择是什么呢？答案自然是由20个全等正三角形组成的正二十面体了。所以，很多病毒都会用自己的少数几种衣壳蛋白拼接在一起形成一个个"面"，然后再把这些"面"拼装成正二十面体的近球状衣壳。

对那些衣壳不呈球状的病毒来讲，管状衣壳则是另一种合适的选择。管状衣壳是由衣壳蛋白螺旋排列形成的中空管子。请大家想象一下，把一长串项链呈螺旋状缠绕排列起来的形态，就和管状衣壳的形状比较类似。这种螺旋管状的结构同样能用最简单的部件组装出最大的容纳空间。有些管子又短又粗，而且两头粗细不一，像颗子弹（比如狂犬病毒）；有些管子又长又直，像根长杆（比如烟草花叶病毒）；如果再把这根管子继续拉长、变细，就成了一条细丝（比如埃博拉病毒）。

还有些看上去结构比较复杂的病毒衣壳，实际上就是由上面的"球"和"管"组合而成的。比如"机器蜘蛛"T4噬菌体，它蝌蚪形的衣壳是由多个简单结构组合形成的：正二十面体的球状衣壳组成了顶端的"头部"，管状结构组成了下面的"长脖子"，再加上由特殊衣壳蛋白形成的尾丝组成的"爪子"。除此以外，还有一些病毒衣壳也可能具有其他形状。

除了用来保护娇弱的病毒基因组，并维持病毒结构稳定以外，很多病毒的衣壳还有另一个非常重要的作用：负责识别这个病毒要感染的细胞种类，并帮助病毒进入细胞。真实的病毒的衣壳表面并不是像图1-3画得那样简单，而是有大量不同蛋白质形成的枝枝杈杈伸展在表面。我们可以把这些衣壳蛋白的枝杈想象成特殊的"抓手"或"钥匙"，当病毒碰到细胞上相对应的蛋白质"把手"或"锁"（称为受体）时，就可以利用自己的"抓手"抓住细胞上适合的"把手"，再用自己"钥匙"匹配细胞的"锁"，接着大摇大摆地挤进这个细胞内部了。这个过程后文会再详细介绍。

囊膜

有一些病毒的衣壳被一层被称为囊膜（也有人把它称作包膜）的膜结构所包裹。病毒囊膜的结构和成分与细胞表面的那层膜（细胞膜）非常接近，所以现在的主流观点一般认为，囊膜是在病毒组装过程中或在病毒离开细胞的时候，从细胞那里顺手牵羊得到的。病毒的囊膜并不是只有光秃秃的一层膜，上面也同样插着很多病毒蛋白，它们也能作为"抓手"和"钥匙"帮助病毒识别并侵入合适的细胞。

根据是否具有囊膜可以把病毒分成两类：囊膜病毒和无囊膜病毒。无囊膜病的"抓手"和"钥匙"直接长在衣壳上，由衣壳蛋白兼职，因为衣壳蛋白除了要负责组装衣壳以外，还需要充当"抓手"和"钥匙"，能干好多种不同工作的蛋白可不是那么好找的，可供选择的种类和能够产生的变化自然不多，所以无囊膜病毒往往只能进入少数几种细胞。但是囊膜病毒的"抓手"和"钥匙"是插在囊膜上的，这些蛋白质不需要身兼数职，只要承担这一种任务就行了，因此有更多的选择种类和变化空间，所以囊膜病毒往往能够感染更多种类的细胞。不过，凡事有得必有失。病毒囊膜虽然提供了感染更多种类细胞的机会，但同时也非常脆弱，很容易被温度、湿度、酸碱条件、有机溶剂或消毒剂破坏，所以囊膜病毒比非囊膜病毒更不稳定，在自然环境中的存活时间也更短。

病毒是生命吗？

我们已经知道，病毒不在细胞里的时候，就像是一粒极为微小的"灰尘"，没有一丝生命活动的迹象；只有在合适的细胞里，病毒才能展现出一些生命的特点，开始进行复制增殖。这个时候，有一个问题一定会自然而然地出现在我们的脑子里：病毒是"活"的吗？换言之就是：病毒是生命吗？

什么是生命？

科学界就"病毒是否属于生命"一直有争论，目前还没有形成共识。有人认为是；有人认为不是；有人认为病毒非生非死，介于生命和非生命之间；还有人认为病毒同时具有生命和非生命的特点，因此又生又死。为什么会这么混乱呢？主要原因是对"生命"的界定还没有统一。只要弄清楚了什么是生命，把病毒的特点套用生命的定义，看看是否符合，这样就容易判断了。

什么是生命？生命是什么？大家可能会觉得这是一个很简单的问题。看上去的确如此，谁不会分辨什么是生命？连幼儿园的小孩子可能都知道，活着的东西就是生命。人是生命，狮子、老虎、猫狗、兔子是生命。大一点的孩子可能还会意识到草木鱼虫是生命，再深入了解一点的话就会知道蘑菇、木耳、水藻、细菌也是生命。那什么不是生命呢？水土山石、日月星空显然都不是生命。瞧，多简单。

但是仔细想想就会发现，我们虽然模模糊糊地找出了生命的共性，但似乎并没有精练地阐明究竟什么是生命。事实上，"生命"不光是一个生物学概念，也是一个科学概念，甚至还是一个哲学概念。就好像无法用"无毛二足兽"定义"人"一样，生命也不太容易被简单明确地定义。对"什么是生命"这个问题，科学家和哲学家足足花了几千年的时间上下求索、苦苦思考、争论不休，但仍然没有一个定论。事实上，如今的科学界提出了上百种不同的生命定义，但还没有哪一种可以完美地解释生命，也还没有哪一种得到广泛公认。

去查字典？没错，在一般情况下这的确是个好主意。不过，用字典来科学地解释生命可能还有点困难。

《辞海》是这样解释生命的："生命：蛋白体和核酸的复合体系存在方式。一种高级的、复杂的物质运动形式。这种复合体系及其组成部分能不断通过自我调节控制，在同外部环境进行的物质、能量、信息的交换过程中，实现自我更新、自我保存、自我复制、自我组织。生命现象主要有新陈代谢、自我复制、生长、发育、遗传、变异、兴奋、感应、运动等。"

看完是不是更蒙了？那么如果我们变通一下，看看《辞海》对"生物"的解释呢？

《辞海》是这样解释生物的："生物：自然界中具有生长发育繁殖能力的物体，生物能通过新陈代谢作用跟周围环境进行物质交换，动物、植物、微生物都是生物。"

虽然还是不算特别清晰明确，但是至少这两个解释都提到了一些生命的基本特点。

的确，很多教科书已经退而求其次，不直接定义生命，而是通过描述生命的基本特点和关键属性来界定生命了。比如，目前有一个被相对广泛接受的描述，认为生命需要能够和环境进行能量交换、响应外界刺激、生长发育、繁殖后代、不断进化以适应环境等。不过，有一句著名的话叫作"这个世界上唯一没有例外的事情就是凡事都有例外"，它同样适用于现在的问题。人们很容易找出不符合上述描述特点的生命形式。比如，一个被深度麻醉的动物显然不能对外界刺激作出任何反应，通过杂交技术得到的无籽西瓜是不能产生后代的，在长达3亿年的时间里一直保持其形态的鲎[13]似乎并没有进行太多进化以适应环境。虽然这些例子都不太符合上面提出的特点，但它们毋庸置疑，都是生命。

病毒特性和生命特性的对比

那么，我们是不是没办法确定病毒是不是生命了呢？要得出一个统一的结论的确很难。但是一千个人心中有一千个哈姆雷特，了解了病毒之后，我们每个人都可以有自己的看法和认识。所以，先来看看病毒和其他生命形式的相同之处和不同之处，然后仔细思考一下这个问题，接着再谈谈自己的观点和看法吧。

病毒个体微小，多数只有5～300纳米，比最小的单细胞生物还要小得多。不过，用尺寸作为划分生命的标准显然不够准确，因为少数病毒也会巨大到"吓人"的水平，比如上文提到过的潘多拉病毒就"巨大"到足以使用光学显微镜观察，尺寸超过1微米，甚至比某些细菌还要大。

我们也说过病毒结构简单。的确，病毒结构相比于细胞结构简单得多，它完全

---

13 鲎是一种历史比恐龙还久远，与三叶虫同时期存在的古老海洋生物，长得像有尾巴的螃蟹，但实际上可以简单理解成一种特殊的大"甲虫"。

没有细胞结构，只是由蛋白质包裹着遗传物质。所以，如果把生命定义为"具有细胞结构的"或"以细胞为基础所构成的"，那么病毒就不能算是生命了。但是，病毒和细胞的基本组成没有太大的区别，都包含DNA或RNA这些遗传物质，也都有蛋白质这个一切生命所需的最基本、最重要的组分，而部分病毒所具有的囊膜的组分和结构也都和细胞膜一样。下文中我们会提到，最早起源的生命可能也就只有这些简单的成分。

病毒最重要的特点就是完全营寄生生活，必须在合适的细胞里才能复制。这点的确可以把病毒和绝大多数其他生物区分开来。但是，除了病毒之外，也有一些别的微生物同样只能在细胞内寄生生活，比如前面提过的支原体。所以，这一点很可能也不适合作为判别标准。

既然从病毒本身的特点没法得出结论，那么就套用一下刚才提到的几条生命的基本特点吧。

利用和获取环境中的能源

对生命的几条解释都不约而同地提到了一个生命的重要特点：利用和获取环境中的能源。的确，花草树木依靠根吸收土壤里的营养、依靠叶进行光合作用，牛羊吃草，狮子老虎吃肉，哪怕最简单的单细胞生物，也可以从它所处的环境中吸收营养获得能量，然后进行一分二、二分四式的复制繁殖。上文曾经说过，细胞就像是一个微型工厂，在一定程度上可以自给自足，通过吸收利用周围环境中的营养和能源，产生自己生长所需的材料和运动生存所需的能量，执行各项功能，偶尔还能进行一分为二的分裂复制[14]。比起细胞这个设备齐全的工厂，病毒可就寒酸多了，它没有生产厂房（细胞结构），也基本上没有生产设备（细胞里的"机器"），它就像找工厂代工的"皮包公司"老板一样，只提供生产自己零件的基本蓝图，偶尔再加上几样关键零件（病毒自带的少数蛋白），剩下的一切工作和配件都交给细胞这个

---

14 也有些细胞，比如成熟的红细胞和神经元等，只行使自己的功能，不再继续分裂复制。

工厂。在没有遇到合适的细胞之前，病毒根本就不表现出任何生命的迹象。只有在进入了细胞之后，病毒才终于表现出了一些"活着"的特性，利用细胞工厂"代为加工生产"病毒自身所需的零件，并装配生产出大量的后代病毒。不过，病毒在复制和增殖过程中，所需的营养和能量都是由细胞提供的，病毒本身没有任何利用营养、转化能量的能力。

响应环境

生命还有一点共同的特性就是能够响应环境，简单来讲就是趋利避害的能力。比如我看见饭桌上的红烧肉，一定会垂涎三尺，赶紧跑上去开吃；如果看见一头大老虎虎视眈眈地盯着我，那我一定立刻跑开，离得越远越好（除非是在动物园隔着坚固的笼子）。即使最简单的单细胞细菌也有这种趋利避害的能力，能够利用自己的长尾巴（称作鞭毛）主动朝着有营养物质和能源的方向游动；细菌遇到对自己有害的东西，比如强酸强碱环境时，它也会赶快游开。哪怕没有运动能力的植物，它的茎叶也会朝着有光的地方生长，而根则会深深扎埋到有水源和营养的区域。但就是这么一个对于所有生物来讲都无比简单，甚至可以"无脑"完成的"趋利避害"行为，病毒却完全无能为力。哪怕距离它最喜欢的细胞只有1微米的距离，病毒都不能主动移动一"步"靠近细胞；哪怕遭遇到可怕的消毒剂，病毒也不能尝试逃离，只能听之任之。一旦进入了细胞，病毒立刻解体（我们后面还会说到这个过程），但这个过程完全是在细胞内部的环境下，因为衣壳蛋白的特性而被动发生的，病毒没有主动进行任何操作，因此也不能算是对环境的响应。无论这个细胞是乖乖地配合病毒感染为它合成所需材料，还是拼命抵抗甚至不惜自杀身亡、玉石俱焚，病毒（这时候已经变成病毒组分了）都会同样按部就班地执行病毒基因组蓝图设定的操作流程，而不会做出任何改变。

生长发育

所有生命都可以生长发育。说起生长发育，其实是两件不同的事情。生长是指一个生命体由小到大或由少到多，是一个量的变化。生物体内的细胞吸收营养后慢慢变大，同时细胞通过分裂一变二、二变四越来越多，生物体也越长越高、越长越壮。而发育是一种质的变化，是个体或组织逐渐成熟的过程，就像卵变成蝌蚪再变成青蛙的过程。对多数生物来讲，生长和发育是伴随在一起的，比如人类从婴儿到儿童到青少年再到成年，不仅体型发生了变化（生长），身体内部组织和器官也发生了一系列变化（发育），身体变得更成熟、思想变得更理性。但病毒可不是这样的。刚才说过好几次，病毒在没有进入细胞的时候，不吃不喝不运动，一点"活着"的迹象都没有，显然不会生长发育；而进了细胞以后，立刻直奔主题，考虑偷梁换柱借助细胞代工产生新病毒，而新产生的病毒迫不及待地离开细胞，去寻找下一个"倒霉蛋"细胞。在这个过程中，病毒同样没有生长发育。

繁殖后代

繁殖后代是所有生命延续的共同方式，病毒也不例外。细菌采用一分为二的方式繁殖，植物通过产生种子进行繁殖，稍复杂一些的动物则会采用产卵孵化或者直接生下小动物这种方式繁殖后代。不管采用什么方式，它们的基本原则是细胞一分为二、二分为四的分裂方式。然而，病毒产生后代的方法就硬核多了。上文已经说过（下文还会再详细介绍），病毒进入细胞后，会利用细胞工厂按照自己的基因组蓝图，以代工的形式生产出大量的病毒组件（包括基因组、衣壳蛋白和其他病毒蛋白等），然后再装配成大量新的病毒，整个过程不像是一般的生物繁衍，更像流水线车间进行装配生产。和其他生物一样，病毒的后代能够延续上一代的"长相"、特点和生活习性等，最重要的是还能够完整地继承它的遗传物质（基因组）。虽然采用了和一般生物不同的繁殖方式，但病毒毕竟也能产生后代。

不断进化

在不断进化以适应环境这一点，病毒也和其他生命形式达成了一致。几十亿年以来，地球上的所有生命一直在经历着缓慢而持续的发展和变化，这就是生命的进化。作为历史久远、已经和其他生物共同存在了亿万年，而且一直延续至今的病毒来讲，自然也需要与时俱进，随着其他生物的变化而变化，才能继续依赖其他生物繁殖后代。新的生物不断产生，病毒需要不断产生相应变化并利用这些新的生物复制繁殖自己；原有生物发展出抵抗病毒的机制，病毒也需要改变自己以发展相应的应对措施。亿万年以来，各种生物和病毒始终通过不断变化，进行着道高一尺、魔高一丈般的"军备竞赛"。在这个过程中，病毒依赖自己一项"独门绝技"始终立于不败之地。至于到底是什么"独门绝技"，下文会详细介绍。

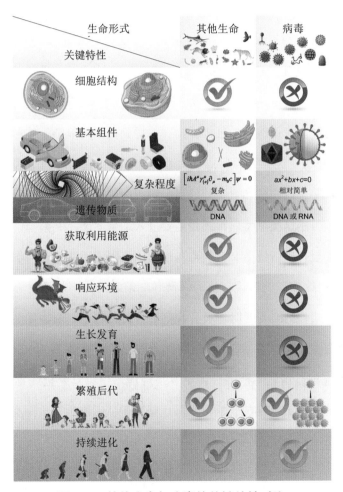

图1-4：其他生命与病毒的关键特性对比

说了这么多，不知道大家会怎么看待病毒，能说说自己对"病毒是生命吗"这个问题的看法吗？

病毒是一种特殊的生命形式吗？

笔者认为病毒是一种特殊的生命形式，应该被算作广义的生命。

虽然病毒看上去和其他生命形式有很大的区别，但它们之间还是具有很多相似之处；而且特别需要注意，病毒同样具有繁殖和进化这两个对生命来讲至关重要的关键特点。

此外，病毒在没有进入细胞的时候虽然看上去是"死的"，一旦遇到并进入了合适的细胞，就会迅速"觉醒"，完成自己繁殖后代的过程。这有点类似于休眠的种子。从这点来讲，病毒是似"死"实"生"。

还有一个可能更有说服力的证据。前文曾提到过结构复杂、体形巨大、基因组（对病毒来讲）超级"庞大"的病毒——潘多拉病毒，它的基因组居然含有一些信息，可以编码某些合成核酸和氨基酸的蛋白质，而这些蛋白质一直以来被认为只能存在于细胞中。虽然这类巨型病毒还是需要进入细胞才能复制繁殖，但是它们似乎正在逐渐模糊甚至打破传统意义上病毒和细菌的界限。因此，有科学家据此提出了"病毒-微生物连续体"的假说，认为病毒和细菌之间并不是泾渭分明的，可能中间还有一些已经遗失的或者暂时还没有找到的"过渡状态"的物种，能够从进化的角度把病毒和细菌连接起来。这对于解释病毒的起源也提供了一些新的启发。

最后一个证据，虽然不严谨，但更容易理解。生物学家把病毒划分到"微生物"[15]一类，而专门研究病毒的"病毒学"也是属于"生物学"学科范畴里的，而且

---

15 微生物是指那些肉眼看不到的、需要借助显微镜才能观察到的一切微小生物的总称，包括细菌、病毒、真菌、放线菌、立克次体、支原体、衣原体、螺旋体，以及部分原生生物和藻类等。

病毒学家还把一个病毒从感染细胞到完成复制繁殖的完整过程称作病毒的"生命周期"。既然如此，笔者推测多数科学家们（至少是生物学家们）可能还是倾向于把病毒作为生命看待。

所以，尽管目前对于病毒和生命的关系还有不同的意见，但本书姑且把病毒当作一种特殊的生命形式来看待。

一些特殊的病毒

针对细菌的病毒——噬菌体

日常生活里最常听说的是感染人类或者动物的病毒，也有很多感染植物的病毒。除此以外，还有一类比较特殊的病毒叫作噬菌体。就像刚才讲过的病毒特点一样，噬菌体也是由蛋白质外壳包裹着内部的DNA或RNA遗传物质组成的。之所以"特殊"，主要体现在它不寻常的"食谱"，噬菌体既不感染人类，也不感染其他动物，更不感染植物，而是专门针对细菌、真菌、藻类、放线菌或螺旋体等微生物。除此以外，这种"特殊"的病毒在任何方面都和普通的感染动物和植物的病毒一模一样。噬菌体的体形和基因组大小各不相同：最小的噬菌体约20纳米，基因组只有大约5000个碱基；较大的噬菌体能到200纳米，基因组有约50万个碱基。地球上细菌等微生物的种类和数量远远多于动植物，而噬菌体专门针对这些微生物，所以数量和种类会更多，因此噬菌体很可能是地球上种类和数量最多的生物，没有之一。另外，生命科学中很多重要的基础发现，最早都是利用噬菌体作为研究对象，可以说噬菌体对生命科学的发展也做出了重要贡献。

巨型病毒

病毒的典型特点就是形态微小、结构简单，而且它的基因组一般都不会太大。但是，这个世界上唯一没有例外的事情就是凡事都有例外，恰恰就有这么一类巨型病毒，挑战了传统观点下的病毒特点。巨型病毒有超大的体形，直径多在200 ~ 400纳米，上文提到的潘多拉病毒甚至可以达到1微米。巨型病毒的结构也非常复杂，其中的拟菌病毒（顾名思义，就是长得像细菌的病毒），最外层甚至包裹了一层类似细菌细胞壁的结构。巨型病毒的基因组远大于普通的病毒，比如拟菌病毒的基因组有118万个碱基，包含了近千个基因的信息；而最大的潘多拉病毒的基因组有277万个碱基，拥有2500个基因的信息。巨型病毒的存在，模糊了病毒和细菌（细胞）的界限，同时也使科学家对病毒起源产生了新的看法。不过，到目前为止，人们发现的巨型病毒并不太多，对它们的研究也不够深入，还有大量的未知等待我们去揭示。

不典型的病毒——亚病毒

上文介绍过典型的病毒所具备的特点，它们结构非常简单，只是由蛋白质外壳（衣壳）包裹着一些DNA或者RNA（基因组），部分还有一层膜包裹着（囊膜）。但是，还有少数更加特殊的"病毒"要挑战这个极简底线。为了区别，我们把具有上边说的那些典型特点的常规病毒叫作"真病毒"[16]，与之相应，更加特殊的结构更简单的"病毒"被统称为"亚病毒"。

只有蛋白质的病毒——朊病毒

大家一定听说过疯牛病，导致疯牛病的元凶，就是一种只有蛋白质、没有任何核酸的奇特"病毒"，被称为朊病毒。前文曾提过，蛋白质实际上是由氨基酸小球串成的一串长链，由于不同氨基酸小球上枝枝杈杈之间相互作用，蛋白质长链会折叠成各种形状。只有折叠成正确的形状，这个蛋白质才能像微型机器一样正常发

---

16 如果没有特别说明，我们一般说到的"病毒"都是指"真病毒"。

挥作用。而朊病毒就是这么一种没有被折叠成正常形状的蛋白质，所以也就不能在细胞里发挥自己应该发挥的正常作用，反而会对细胞的正常功能进行破坏。不仅如此，这个"坏分子"还会带坏其他正常折叠的蛋白质，让它们的形状也发生错误，就好像电影里的僵尸咬伤正常人并把后者也变成僵尸一样。朊病毒具体是怎么搞破坏，在下文中会详细介绍。

只有RNA、没有蛋白质的病毒——类病毒

类病毒是一种感染植物的特殊"病毒"。想象一下，如果把一根RNA圆环的部分区域抹上胶水粘在一起，形成一个有些地方粘在一起、有些地方分开的结构，就是类病毒的形态。类病毒的特殊之处在于它只有一段孤零零的RNA作为遗传物质，而没有典型病毒所具有的蛋白质结构。类病毒的RNA基因组比典型病毒小得多，只有约250个碱基，而且没有包含任何蛋白质的信息。类病毒往往通过损伤种子、花粉等形式感染植物，在侵入植物细胞之后，类病毒就可以大量复制自己的RNA基因组，接着再传播到其他细胞或者其他植物。这个过程和常规病毒感染细胞进行复制和传播是一样的，甚至类病毒感染植物造成的疾病症状也和普通病毒感染没有明显区别。作为一种只有RNA遗传物质的病毒，类病毒的发现在生命科学研究领域引起了不小的震动，它不仅开阔了病毒学研究的视野，更为解释生命的起源和认识生命的本质提供了新的思路。

依赖于类病毒才能复制的亚病毒——拟病毒

有一种亚病毒和类病毒非常类似。它也感染植物，也是把RNA作为遗传物质，无论大小还是结构都和类病毒的基因组差不多，而且也没有蛋白质成分，这就是拟病毒，即"模拟类病毒的病毒"。它们的区别在于：类病毒可以独立感染植物，并完成自我复制；拟病毒必须依赖于其他病毒才能感染和复制。而这种帮助拟病毒感染和复制的病毒，被称为辅助病毒。拟病毒的RNA基因组会偷偷地藏在辅助病的蛋白质衣壳里，在辅助病毒感染宿主的时候一起偷偷地溜进细胞；在辅助病毒利用细胞进行自我复制的时候，拟病毒也借机复制，但是它需要同时借助细胞和辅助病毒才能完成复制过程；在辅助病毒形成新的子代病毒时，拟病毒再一次偷偷地钻进辅助病毒里，等待下一次感染。从这个过程来看，我们可以把拟病毒看作一种寄生在（但不破坏）其他病毒里的病毒。

第二章

病毒的起源

病毒和地球上绝大多数生物有很大区别，连是不是生命都还有争论。了解了这一点后，大家一定很好奇，这么奇葩的东西究竟是从哪里来的呢？它是怎么产生的，怎么演变的？它和其他生物（尤其是人类）之间又有什么样的关系？

病毒是从哪里起源的？

生命的起源是人类探索的永恒主题之一。为了回答这个问题，哲学家、神学家、科学家纷纷提出了很多可能性解释，有些解释好像并不靠谱，但有些听起来好像很合理。不过，直到现在，因为缺乏科学的证据，这些解释仍然停留在假说阶段，关于生命的起源仍然没有定论。与之类似，病毒起源也是如此。科学家们自从在100多年前发现了病毒以后，就一直希望弄清病毒源自何处，没准这个答案还能有助于弄清生命的起源呢。但是，目前病毒的起源同样缺乏广泛公认的解释。

科学就是如此，大胆假设，小心求证。很多重要的科学发现，都是科学家们首先根据已观察到的现象，通过逻辑推理和科学判断，提出一个假说来解释现有的研究结果；随着更多研究数据和实验结果的出现，有些假说可能会被彻底推翻，而有些假说可能只需要略微修改就可以继续支持眼前的结果；就这样大浪淘沙，去伪存真，合理的假说经过一步步修正后，就逐渐成为真正的知识。因此，在目前还缺乏明确答案的阶段，我们有必要把有关病毒起源所有可能的假说都向大家介绍一下，大家也可以根据自己的理解和推理，判断一下哪些假说可能更加合理。

很多故事是用很久很久以前开头的，但下面说的"很久以前"，真的是很久很久以前，大概是在50亿年前 ~ 40亿年前。

很久很久以前，在地球诞生之初，世界被一片富含无机化合物的原始海洋所覆盖，有人把它形象地称为"原始汤"。天上则是富含氢气、甲烷、水蒸气等物质的原始大气。那时的自然条件无比恶劣，来自太阳的紫外线肆意地炙烤着地球，遍布全球的火山经常爆发，空中还经常电闪雷鸣。"原始汤"里的无机物逐渐通过化学反应，转化成小分子有机物，日积月累，这些小分子有机物越攒越多。每天，大量的有机小分子物质和海水一起被蒸发到空中，在高热、闪电、超强紫外线所蕴含的巨大能量的催化下，这些小分子有机物发生着各种各样的化学反应，逐步变成了大分子有机物。

在偶然的机会下，这些反应会产生一些氨基酸（蛋白质的基本组成成分）、嘌呤和嘧啶（核酸的重要组成成分），以及磷脂等较大的有机分子，它们伴随雨水又落回到海里。日复一日年复一年，各种各样、大大小小的有机分子在原始海洋中越聚越多，在这里它们和无机物互相碰撞，在海底热泉附近的高温处被加热，又在远离热泉的地方被迅速冷却，在这些碰撞、加热、冷却过程中，随时都发生着各种化学反应。嘌呤、嘧啶可能和磷酸一起形成了核苷酸（核酸的基本组成部分），进而又连在一起形成了长短不一的DNA或RNA等核酸；各种小分子糖类聚集在一起形成了不同的多糖；可能还有磷脂聚合在一起组成了一些简单的、像肥皂泡一样的磷脂膜状结构；有些氨基酸互相连在了一起，形成了大大小小的蛋白质……

就这样，斗转星移，在最初的那"锅"浓郁的无机物"原始汤"里，汇聚了越来越多的生命形成所需要的各样基本材料。现在万事俱备，只欠东风，生命即将在机缘巧合之下诞生于这"锅"原始汤里。这就是目前解释生命起源的比较流行的理论之一——原始汤假说。

"平行起源"假说

于是，故事从这里开始了。

在漫长的时间里，这些生命所需的各种分子互相碰撞、缠绕、反应，一些有机大分子物质，比如蛋白质和核酸，逐渐在合作中掌握了复制自己的新技能。慢慢地，这些大分子的功能越来越复杂，种类越来越丰富，合作越来越紧密，它们慢慢地聚集在一起：由一些RNA负责提供设计蓝图，另一些特殊的RNA根据设计蓝图把不同种类的氨基酸连接在一起形成蛋白质，这些蛋白质又开始帮助RNA进行复制。终于在机缘巧合之下，这一群紧密合作的大分子们被一层磷脂膜包裹了起来，形成了最初的原始细胞。有了这层原始"细胞膜"的保护，娇弱的RNA和蛋白质等核心大分子可以心无旁骛、不被打扰地行使自己的功能，完成自己的任务，更好地帮助原始细胞进行复制。相比于其他处于散兵游勇状态的大分子，这个原始细胞简直是集团军一般的存在。于是，原始细胞对这种恶劣环境的适应性大增，仿佛开挂一般大量复制，所向披靡。

不过，哪里有压迫，哪里就有反抗。为了应对原始细胞的全方位碾压，有一些各自为战的有机物组织起来，部分RNA把自己包裹进蛋白质聚集缠绕形成的外壳结构中，不再逆来顺受地接受原始细胞的碾压和排挤，而是反客为主，钻进原始细胞中，并利用它们帮助自己复制。就这样，最初的原始病毒形成了。从此，病毒和细胞开始了长达几十亿年长期共存和共同进化的过程。

"平行起源"假说认为：原始细胞和原始病毒是平行独立产生的。

在探究生命起源的时候，科学家提出了一个想法：目前地球上的丰富多彩的生命形式，一定都有各自的祖先；而各种生物的祖先继续向上寻找，很可能会有一个共同的祖先。科学家给这个共同祖先取名"露卡"（LUCA[17]）。在"平行起源"假说中，"露卡"和病毒没有直接亲缘关系，二者的起源相对独立。就像矛和盾一样，是一对对立统一体，细胞和病毒各自分别独立产生，但又伴随着对方进行了长达几十亿年的"军备竞赛"，在这个过程中共同进化，逐渐发展成为现在的样子。

"平行起源"假说曾经非常流行，因为它比较容易理解，也符合我们的思考逻辑。但是随着现在分子生物学技术和基因技术的发展，科学家逐渐发现了越来越多的、介于细胞和病毒之间的中间状态物种，发现病毒和细胞之间的鸿沟似乎没有想象中的那么大。所以现在"平行起源"这一假说的支持者比以前有所减少。

"病毒第一"假说

且慢，刚才说的可能有点问题，咱们重新再来讲一次。

生命所需的这些大分子相互缠绕，逐渐有一些蛋白质聚集起来形成外壳，然后包裹住了自己的RNA蓝图，保护这些娇弱的核酸免遭恶劣环境的破坏，就这样，形成了结构简单的原始病毒。

又经过了漫长的时间，原始病毒逐渐获得了一层磷脂膜，并被这层膜所包裹。接着，比RNA更加稳定的DNA也出现了，更高的稳定性也帮助这些DNA携带更多的信息。逐渐地，越来越多的蛋白质也根据这些DNA被生产出来，加入这个不断发展的小团体，行使各种各样越来越复杂的不同功能。就这样，它们变成了结构更加复杂的原始细胞。

在这个原始细胞的基础上，逐渐进化出地球上现如今丰富多彩的生命形式。而

17　LUCA: the last universal common ancestor。

部分没有进化成原始细胞的原始病毒，则慢慢开始了它们利用细胞的寄生生活。

首先出现病毒，然后这些原始病毒逐渐进化成为细胞的说法被称为"病毒第一"假说。

科学家一般认为所有生命的祖先"露卡"应该是地球上产生的第一个原始细胞。但是，细胞需要完成的生理功能比较多，要保证细胞正常运转，必须能够利用营养、转化能源、合成蛋白、复制核酸等，要完成这些功能需要有相应的蛋白组成的细胞机器，还需要有这些细胞机器的设计蓝图。要直接从零开始产生这么复杂的原始细胞"露卡"，难度实在太大了。所以，有些科学家认为生命的发展规律应该是由简单到复杂，既然病毒的结构远比细胞更简单，甚至可以说是简陋，因此很可能会首先出现；而随后，在此基础上，才发展出了复杂的"露卡"。

不过，"病毒第一"假说难以解释一个问题：病毒需要在细胞内复制，那么在细胞出现之前，这些原始病毒是怎么复制的，又是怎么一步一步进行发展和进化的呢？因为到目前还没有找到任何实际证据支持这一假说，所以这个假说的支持者数量相对较少。

"细胞退化"假说

也许，这个故事有可能是这样的：

各种生命必需的组成部分孕育出了原始细胞，而这些原始细胞逐渐发展壮大，进化成为各种单细胞的生命。其中，有一些"懒惰"的细胞，虽然拥有大量细胞组分完全可以独立生活，但是它们不愿意勤勤恳恳、自力更生地养活自己。于是，这些细胞要了个滑头，钻进了别的细胞里，让其他细胞帮助这些好吃懒做的家伙开展生命活动所需要的工作，比如吸收营养、合成蛋白、产生能量、复制基因组、繁殖后代等。像这样不劳而获地生活了一代又一代，久而久之，可能是因为丢三落四遗失了，也可能是因为不再需要所以主动抛弃了，它们慢慢失去了很多本来属于自己的细胞组分，所以结构变得非常简单；慢慢把细胞成分的设计蓝图也都丢失了，所以基因组也变得极度精简。就这样，它们从原始细胞"退化"成了病毒。

"细胞退化"假说认为病毒是由原始细胞退化而来的。

这种假说认为，原始病毒脱胎于某种原始寄生细胞。这种细胞在丢失了部分细胞组分后，退化成了病毒。从细胞到病毒，经历了一个结构从复杂到简单的进化过程。那么如果能找到某种介于中间状态的生物，不是就可以从某种程度上支持这个假说了吗？

本书下文会说到"咪咪病毒""妈妈病毒""潘多拉病毒"等一系列结构复杂、基因组庞大的巨型病毒，它们的发现为"细胞退化"假说提供了重要的支持。这些巨型病毒的结构比一般病毒复杂得多，甚至还含有一些曾经被认为只存在于细胞内的组分，而且它们的基因组也非常庞大，甚至超过部分细菌。有的科学家认为，这些巨型病毒可能就从"寄生细胞"退化到"原始病毒"过程的中间状态。

目前，"细胞退化"假说的支持证据相对较多，所以也得到了大量拥趸。笔者也更倾向于这种假说。

更多假说

或者，病毒是从细胞里开小差溜出来的一部分，或者说不定是从外太空落到地球上的……

对于病毒的起源，还有五花八门、形形色色的其他假说，有的也算符合科学，但也有一些听起来令人感觉荒唐无比。面对各种各样的假说，我们需要基于科学和逻辑来推理判断。

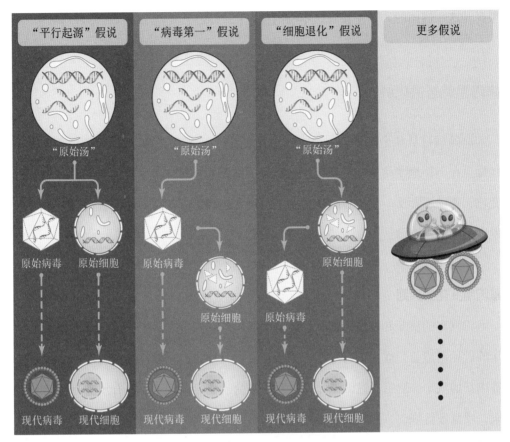

图2-1：病毒起源的几种代表性假说

　　病毒从何而来？尽管已经有了多种假说，但目前仍然没有一个明确的统一答案。和生命的起源一样，病毒起源也不是一个简简单单就能回答的问题。这个问题之所以难以研究，一个重要原因就是病毒实在太小了，不容易像其他大型生物那样留下可供发掘的化石标本。各种科学假说主要是基于现有的发现和理论推导，尽管都有或多或少，或坚实或缥缈的理论和证据支持，但也都存在无法解释的现象和难以解释的地方。科学的发展需要一定时间，科学理论的完善也需要一定过程。相信随着科学研究的不断深入，研究方法和分析方法不断发展，新的实验和证据会被不断发现，我们的推理假说一定能够越来越接近病毒真正的起源。

　　欢迎各位感兴趣的朋友加入科学家的行列，积极开展生命科学研究，很可能未来揭开这一谜团的人就是在看这本书的读者！

病毒是怎么进化的？

原始病毒从几十亿年前一路走到现在可不是一成不变的。和所有的生物一样，病毒也在不停地变化，这些变化帮助病毒适应新的自然环境，帮助病毒应对宿主的变化，帮助病毒从一个物种跳到另一个物种并逐渐适应新宿主。那么这一切是怎么发生的呢？

基因组变化的原则

以汽车的演变和发展为例，在最初的原始汽车问世之后，工程师们根据原始汽车的设计制造蓝图逐步进行修改、更新、优化、换代，根据这些重新设计的蓝图建造出新的汽车，然后经过测试，把那些不好的改变逐渐剔除，将有用的改变保留下来，反复进行修改—测试—选择的过程，最后才得到越来越稳定、高效、复杂的现代汽车，沿用同样的发展模式，未来的汽车还将会变得更加科幻和高级，甚至会超出我们的想象。

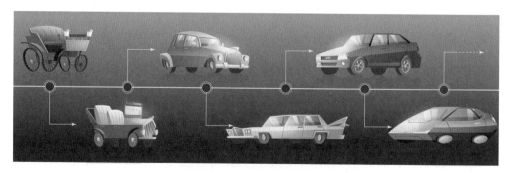

图2-2：汽车的演变和发展

包括病毒在内的各种生命的进化也类似。前文提过，作为生命之书的基因组包含着某个生物所有的信息。其中的一个个章节被称为基因，对应一个个特定的蛋白质；基因一旦改变，相对应的蛋白质就会改变；而当发生变化的基因越来越多，整个生命的形式就会发生改变。所以，生命的进化过程其实归根结底就是基因组蓝图的变化过程。

从各种生命的原始祖先开始，基因组这个生命的设计蓝图就开始了缓慢而漫长的改变过程。不过，汽车设计蓝图的改变是由具有丰富科技知识和设计经验的工程师与设计师有意识、有目的性地完成的，而生命基因组蓝图的改变是在完全随机、没有任何明确目标的情况下进行的。

生命是复杂而精巧的。而基因组作为遗传物质，需要把上一代的设计蓝图和生命信息正确地传递给下一代，才能维持生命的稳定性。假如说在基因组蓝图的传递过程中出现大量或者严重错误，那么得到这个"瑕疵"版基因组蓝图的下一代就没办法合成正确的蛋白质机器。就好比因为设计蓝图的随机改变而造出了三角形车轮的汽车，自然不能正常工作。所以，基因组在传递的过程中，需要尽量保证一致性，减少上一代和下一代的差异。

假如基因组完全没有变化，原封不动地继承和维持上一代的生命特性，是不是不成了最好的选择呢？这对于生物发展和进化而言，反而是噩梦一般的情况。想想看，如果基因组蓝图不再出现任何变化，那么祖孙三代乃至三十、三百代都是一模一样，这样一直繁衍几千几万年还是一成不变，绝不可能从最初的单一祖先发展成丰富多彩的生物世界。很可能一直到现在，我们还和"露卡"祖先一样作为原始单细胞生物在海里漂来漂去呢。而且，对于一种生物来讲，如果真的千秋万代都墨守成规毫无改变，那一旦出现任何它们无法耐受的环境变化，就可能会导致整个种族的灭亡。所以，生物界很少有以不变胜万变的情况发生。改变是永恒的，不变是相对的。

所以，生物基因组的复制既要稳定又要改变；既不能太稳定，也不能变化太大。那么，这种在变化之中的稳定是怎么做到的呢？

病毒基因组的变化

基因组信息是书写在DNA或RNA中的，所以基因组复制也就是相应的DNA或RNA的复制。绝大多数生命的基因组是以DNA形式存在，只有一部分病毒以RNA作为它们的基因组遗传物质。DNA基因组复制和RNA基因组复制会有些不同，所以本书就分别介绍这两种情况。

DNA基因组的复制

上文已经说过，复制DNA的工作是由被称作"DNA聚合酶"的"抄写员"来完成的，这位认真负责的"抄写员"会对照着DNA的ATCG顺序，按照A-T和C-G的原则相应地"写"出一条新链。但是，它偶尔也会出现错误。一旦新DNA链的碱基出错，它所对应的蛋白质就会相应改变，那么就可能影响到这个蛋白质的功能，甚至会影响整个生命。所以，为了应对"抄写员"的偶然疏忽，生命体发展出"抄写员"的校对功能，同时也产生了很多种不同的"校对员"负责审查"抄写员"的工作，一旦发现"抄写员"的工作出现错误，就会立刻修正，以尽量保证基因组复制过程中的准确性。在双管齐下的保证下，DNA复制的准确率就有了较大的保障。比如说，生命科学研究中常用的实验对象——大肠杆菌，差不多复制1亿个到100亿个碱基才会出现1个错误。

大家会不会疑惑，上文不是说基因组的复制"不能太稳定"吗？那这亿分之一的错误率，难道还不算"太"稳定吗？没错，这确实很稳定！大肠杆菌的基因组一共只有不到500万个碱基。1亿个到100亿个碱基足够大肠杆菌复制10代到1000代。1000代才出一个错误，看上去真是足够稳定了。但是，这还不能算是"太"稳定！要知道，大肠杆菌不到2小时就能复制一次。按照这个速度计算，最短小半天、最长大半个月就能完成10代到1000代复制，也就会出现一次DNA的复制错误。虽然看起来好像时间很长，但是月这个单位放在以万年甚至百万年为单位的生物进化历史长河中，只是弹指一挥间。更何况，这只是计算了同一个大肠杆菌的基因组复制错误情况，经过了这么多轮的复制，1个大肠杆菌早就已经变成2^{10}甚至2^{1000}个了[18]，从这天文数字般的细菌数量中，当然会出现更多的错误。日积月累，积少成多，从量变到质变，终有一日，大肠杆菌会变成一种完全不同的新生物。

很多利用DNA作为基因组的病毒（被称为DNA病毒）都没有自己的"抄写员"和"校对员"，它们一旦进入了细胞，就会借用细胞的DNA复制系统，帮助自己复制，所以细胞在复制基因组过程中发生错误的情况，也同样可能发生在病毒身上。当然，也有一些比较"土豪"的大病毒是自带"抄写员"基因的，它们会先指导细胞的蛋白质合成机器合成自己的病毒"抄写员"，再来复制自己的基因组，不过这些病毒"抄写员"往往没有细胞"抄写员"那么认真负责，而且经常不配合细胞"校对员"的工作，因此这些病毒的基因组复制过程中出错的概率会更大一些。更重要的一点，病毒感染一个细胞就可以产生几十个到几万个新的病毒，所以，其中可能含有很多带有基因组错误的病毒。

RNA基因组的复制

那些利用RNA作为遗传物质的病毒（被称为RNA病毒），就需要复制RNA基因组了。在"抄写员""校对员"以及其他十几种与DNA复制有关的蛋白的帮助下，DNA复制的准确度总体来讲还是非常高的。但是很遗憾，RNA复制过程中出现的错误要多得多。

用于复制RNA的是被称作"RNA依赖的RNA聚合酶"，这个RNA"抄写员"往往是病毒自带的，因为细胞一般没有大量复制RNA的需求，所以往往不含

18　当然，这个只是理论上的数字，实际细菌复制会受到环境、营养等多种因素的影响，而且细菌也会老化死亡，所以在真实的世界里很难达到理论上的复制数量。

RNA"抄写员"[19]。RNA"抄写员"的工作态度堪忧，一点也不认真。虽然某些病毒会额外配置一个RNA"校对员"，或让RNA"抄写员"兼具一定的校对功能，来帮忙检查改正错误，但它们的校对能力较差，只能说聊胜于无，不能太指望。这导致了RNA复制过程的错误率出奇高。有时候，复制1万个到100万个RNA碱基就会出现一个错误，光这出错的概率就足足比它的宿主细胞高出几十倍甚至几万倍。比如，臭名昭著的艾滋病就是由一种被称为人类免疫缺陷病毒（HIV）[20]导致的，人类免疫缺陷病毒就是一种RNA病毒。根据计算，人类免疫缺陷病毒的基因组变化速度是它的宿主（也就是人类）基因组的100万倍。新冠病毒也是一种RNA病毒，虽然它自带了一个RNA"校对员"负责帮助纠正RNA的复制错误，但其仍然在发生后的几年中，不停地发生大量突变，因此一轮又一轮地绕过我们的免疫屏障，不停地骚扰人类。和开始出现时的病毒相比，3年后流行的新冠病毒已经产生了极大的变异，这种强大的变异能力就是来源于RNA复制的不准确性。

基因组的重组

光靠这些偶尔出现的一两个碱基的小变化，改变程度极其有限，难道基因组的变化就仅此而已吗？非也，非也。还有一个被称为"重组"的、更厉害的大招，可以取长补短、移花接木，在基因组上针对大段大段的章节进行改变。尤其是病毒，更是把这套"移花接木"大法练得炉火纯青、神出鬼没。病毒在复制时可能会从基因组上切下来一段扔掉不要了，可能会把这一段重新裁下来粘在自己基因组的其他章节上，还可能会把它插进宿主细胞的基因组蓝图里，甚至可能从宿主细胞的基因组里切下一段粘贴到病毒基因组里。

最夸张的是，当有些病毒的几个近亲同时感染同一个细胞的时候，它们甚至可

---

19 细胞可以直接利用DNA转录产生RNA。

20 英文名human immunodeficiency virus，缩写成HIV。

以互相交换一部分基因组章节。比如说大名鼎鼎的流行性感冒病毒，它的基因组一共由 8 个不同的RNA节段组成，每个节段都包含一些不同的病毒基因，当两个不同的流行性感冒病毒感染同一个细胞时，这些不同的节段可以相互替换组合，产生出全新的病毒。比如说，流行性感冒会有H5N1、H1N1等，其中H和N分别指用来区分流行性感冒病毒种类的、病毒表面的两个蛋白质——血凝素（H）和神经氨酸酶（N），流行性感冒病毒有16种不同的血凝素和 9 种不同的神经氨酸酶，所以在不同病毒感染同一个细胞时，就会重新形成新的血凝素和神经氨酸酶的组合，产生新的流感病毒。

RNA基因组复制过程中天然的高错误率、基因组大片段的重组，再加上不同节段之间的重排组合，这些因素的叠加最后导致了RNA病毒基因组的快速变化。

病毒的变化

基因组是一切生物的生命之书，是生物个体的总设计蓝图，里面编写了有关生物个体的一切信息，指导着这个个体发展成它应该变成的样子，也决定着这个个体的一切生命活动。那么，一旦病毒的基因组发生了变化，病毒自然也会相应地发生变化。

基因组的变化

基因组的变化也是同样。任何基因组上的变化，无论是少数碱基的突变、大段章节的重组，都与汽车设计蓝图的修改调整过程一样，可能会导致生命体出现3种结果：第一，没什么影响；第二，使生命体得到好处；第三，对生命体产生坏处。如果是第三种结果，那么这些基因组的改变就会慢慢被淘汰；而第一种和第二种结果，则可能会使这些基因组的变化持续并且遗传下去。

不过，汽车蓝图修改和生物基因组变化有一个非常重要的区别。修改汽车设计蓝图时，设计师和工程师们会有初步的想法，一定是有目的的，比如希望速度更快、希望载重量更大、希望外观更时髦等。相反，一定不会有哪个设计师尝试把本来的圆形车轮改成三角形，或者把本来可以正常运行的发动机随意调整得乱七八糟，完全不能工作。但是，对于基因组复制来讲，情况可就完全不同了，DNA"抄写员"或RNA"抄写员"在工作中发生错误是完全随机的，在任何地方都可能把基因组"抄"错。所以，生物基因组的变化是漫无目的地随机出现的。

基因组变化对病毒的影响

基因组在每一次的复制中，都可能发生任何变化，这些变化可能发生在任何地方，因此可能会对生命体在任何方面造成任何影响。

大家一定会好奇，为什么我们多数人、多数生物看起来都好端端的，挺正常啊。不错，我们应该庆幸，我们的体内有很多不同的措施帮助我们减少这些变化对我们造成严重影响。比如，DNA"抄写员"认真负责，各种"校对员"协同努力，从源头尽力降低了DNA复制的错误率。另外，相对于DNA复制的错误率来讲，我们多数生物的基因组都比较大，也不是DNA上的每个碱基都同样重要，有一些无伤大雅的小差错并不一定会产生大的影响。而且，细胞往往会利用多种不同的途径完成一个任务，其中会涉及几种不同的细胞蛋白质"机器"，一旦其中某一个出现问题，也可以由其他的"伙伴"顶上它的空缺。在最坏的情况下，万一有些基因组的改变真的对细胞产生了难以弥补的严重影响，这个细胞也无法存活下来，也就无法把这个错误扩散开来和传播下去。这么多的因素叠加在一起，有效地保证了我们在绝大多数情况下的功能正常与身体健康。

不过，对于病毒来讲，情况就会稍微麻烦一点了。病毒（特别是RNA病毒）在基因组复制过程中的出错率比较高。和其他生物相比，病毒这么小的基因组无形中放大了同样的基因组变化对它自身的影响（想想看100个零件和10个零件的机器，分别改变一个零件对它们正常工作可能产生的后果）。病毒自带的大部分基因都没办法在细胞里找到替代产物。万一这些基因出现了问题，这个病毒就彻底没办法正常完成自己的复制过程了。所以，基因组变化对病毒更可能产生较大的影响，而这些影响绝大多数是对病毒不利的。

不过，虽然容易受到基因组变化的影响，但病毒也有一个独特的优势——复制迅速而且繁殖力强。一个病毒感染一个细胞后，能够进行成百上千次基因组的复制，一次性产生大量新的病毒。而这些新产生的病毒，又会迅速感染周围新的细胞，就这样周而复始，在一个生物体内复制产生大量的病毒。虽然多数基因组变化可能对病毒不利，但只要其中有极少部分基因组的变化能让病毒获益，就有可能被保留下来。接着，借助病毒强大的繁殖能力，一代一代地淘选，那些对病毒有帮助的基因组改变就会越来越占优势。比如新冠病毒在短短几年感染了全球很多人，在很多人的身体里发生了万亿次复制，产生了大量的新病毒，全部累积起来，这将是一个很大的量级，即使只有极个别的病毒突变能够脱颖而出，在这么大量级的淘选之下，也将会有大量的利于病毒传播扩散和生存的突变出现并传播开来。

上面说的这个"改变—淘选—再改变—再淘选"的过程，适用于地球上所有的生物，人类也是这样一步步从原始细胞进化成为现在的样子。但是，病毒借助更多的基因组变异、更强的繁殖能力、更快的复制速度，获得了远超其他生物的进化速度。

病毒稳中求变

病毒不能自主移动，要想繁殖后代又必须依赖细胞，结构简单容易受外界环境影响，看似处处是劣势，但其之所以能够在亿万年间和其他生物一直走到今天，依靠的就是一个撒手锏：稳中求变。变化太快，病毒基因组蓝图被改得面目全非，可能就没办法生产出新的病毒了；但如果故步自封、不求思变，可能就会逐渐被其他生物产生的抗病毒手段所击败，无法继续感染细胞生产后代。所以，病毒在复制自己的基因组蓝图时，既能维持自己遗传信息的相对稳定，又保证了较高的变化频率。在此基础上，病毒再利用自己的繁殖能力和复制速度，就能够保持合理的进化速度。

病毒需要进入细胞并利用细胞工厂生产自己所需的材料合成新的病毒，这可不是一个让细胞开心的过程，细胞怎么会坐以待毙呢？在斗争过程中，细胞通过进化发展出了对抗病毒入侵的各种措施。相应地，病毒也时刻在通过基因组的变化而自我进化：有些发展出了反制细胞、对抗免疫的手段；有些获得了新的"钥匙"，可以打开更多类型的细胞之"锁"，从而感染更多的细胞；甚至有些偷偷地把自己的基因组藏到了宿主细胞的基因组蓝图里。这样，病毒才能弥补自己在其他方面的劣势，与其他生物在"道高一尺、魔高一丈"的持续竞赛中，始终立于不败之地。

病毒能够在几十亿年的时间不被自然淘汰，还伴随着其他的生物一起兴旺发展，最重要的一个原因就是通过快速的变异和进化，从而对抗宿主逐渐进化出来的抗病毒能力和免疫能力。同时，在这一过程中，病毒的感染对象范围得到了拓展，病毒自身的适应能力也得到了增强。

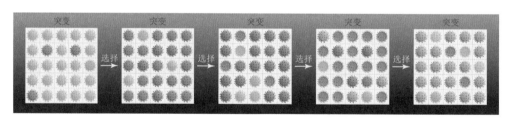

图2-3：病毒在"突变－选择"的循环中逐渐进化

病毒对其他生物进化的影响

病毒在过去的40多亿年中一刻不停地进化，形成了现今地球上数字庞大的病毒种类和病毒数量；而同在一个地球上的其他生物（也就是病毒的宿主）也同样在一刻不停地进化，造就了现在多种多样的生命形式。但是，你千万别以为病毒的进化和其他生命的进化像平行线一样互不相关。前文提到了病毒和其他生命进化过程中的对抗，实际上，它们相互的影响远不止如此。在病毒与宿主几十亿年不眠不休的纠缠中，早已经把自己深深地烙印在了对方体内。病毒把基因组留在了宿主的细胞里，也把宿主细胞的基因组带到了自己体内。病毒的基因组和其他生命的基因组早就你中有我、我中有你了，甚至可以说是病毒造就了这个五光十色的世界。

病毒对宿主进化的淘选

你不相信小小的病毒能对宿主的进化产生影响吗？那就先来听个故事吧。

说起澳大利亚的动物，大家一定会想到袋鼠和考拉。没错，这是澳大利亚可爱动物的代表。但在澳大利亚，还有一种同样出名，但是人人谈之色变的动物，不是毒蜘蛛，也不是蝎子，而是看似人畜无害的兔子。

澳大利亚本来是没有兔子的，18世纪，一些兔子随着流放的犯人一同而来。后来，有人为了打猎消遣，在1859年从欧洲运来了十几只野兔放养在私人农场。没想到这些兔子在澳大利亚这种缺乏天敌的环境中疯狂地繁殖。到了20世纪初，兔子数量已超100亿，要知道当时全球人口也不过20亿。这些兔子不仅吃掉了庄稼和其他植物，还四处打洞破坏环境，严重影响了澳大利亚的农业、畜牧业和本土动物的生存。为了控制兔子数量，澳大利亚想尽了办法：传统的捕猎和陷阱杯水车薪，于事无补；引入兔子的天敌——狐狸来消灭兔子，没想到事与愿违，狐狸更喜欢呆萌、行动迟缓的澳大利亚本土动物，结果又导致一次物种入侵，人们不得不再想办法控制狐狸数量；连大名鼎鼎的法国生物学家巴斯德都派人来尝试用细菌消灭兔子，但效果也不理想；修筑的3000千米长的篱笆也没能阻止兔子蔓延；政府甚至还曾经安排空军投放过毒药，这虽然对控制兔子数量有了一丁点效果，但对生态环境造成的破坏更加严重，因此也只得作罢。

后来有人想到了病毒这种终极"大杀器"。"黏液瘤病毒"在美洲兔子身上最先被发现，欧洲野兔一旦感染了它就会死亡。这种病毒特别专一，只感染兔子而对人畜无害，也不会影响其他本土动物，简直是针对肆虐澳大利亚的欧洲野兔的完美狙击性生化武器。所以，两名病毒学家在1950年将这种病毒释放到了澳大利亚的兔子种群中。很快，病毒在澳大利亚的野兔种群里传播开来，而且表现出很好的控制效果：平均100只感染病毒的兔子里有90只死亡（死亡率90%）。仅仅两年时间，澳大利亚的野兔种群就已经有80%～95%被成功消灭。事情好像进展得很顺利，但是万万没想到，接下来的形势急转直下。到了第4年，病毒对兔子的致死率降低到了50%，也就是只有一半感染病毒的兔子会死亡，剩下的一半还能苟且偷生；在随后的几年里，病毒致死率逐渐降低，病毒感染能够杀死的兔子越来越少，病毒对野兔的控制能力也越来越弱，兔子又重新疯狂繁衍了。到了1956年，也就是引入病毒后的第7年，兔子数量又恢复到病毒使用之前原有数量的99%。

问题出在哪里呢？科学家想到了病毒非常快的变异速度，有没有可能是病毒广泛传播了几年以后，因为变异太严重所以不能有效杀灭兔子了？为了回答这个问题，科学家在1957年又把最初使用的原始病毒注射到从野外捕捉的兔子体内，结果发现只有25%的兔子因为感染死亡了，要知道在1950年同样的病毒能杀死90%的兔子。病毒没变，但病毒对兔子的致死率发生了变化，那么一定是兔子不一样了。根据分析，最有可能的解释就是：因为兔子自身的基因差异和不断进化，在澳大利亚的大量野兔种群中有一小部分兔子对病毒具有比较好的抵抗性。当抵抗力弱的兔子纷纷感染病毒致死之后，少数能抵抗病毒的兔子自然就会慢慢繁衍起来，最终导致整个种群都获得对病毒的抵抗能力。

所以，病毒的确可以影响生物的进化方向。只不过，这种影响是以牺牲大量生命为前提进行的。对于动物，特别是这种野蛮生长的入侵物种，也许还可以操作，但假如这些影响施加在人类身上，那就是想都不敢想的恐怖事件了。

黏液瘤病毒从开始传播到最终失去了对野兔群体的控制效力只花了短短的7年时间，但即使这样，也对整个澳大利亚的兔子种群产生了重要的影响。如果把这个影响的时间拉长到40多亿年的历史中，大家可以想象，病毒会对生命的进化造成多大的影响。

病毒可以直接改变宿主基因组

病毒不仅可以通过自然选择的方法影响生物进化的方向，有些病毒甚至还能通过直接改变宿主的基因组，从内部驱动生命的发展和进化。

有一类特殊的RNA病毒叫作"逆转录病毒"，它们有一种神奇的能力，可以利用自带的"反向传令员"，在细胞里把自己的RNA基因组重新变成DNA（这个过程叫作逆转录）；不仅如此，它还自带"编辑员"，可以把新产生的DNA插进宿主细胞的基因组蓝图里（这个过程被称为"整合"），从此就可以跟随着宿主细胞一起生活了。当细胞复制的时候，它也可以跟着在细胞基因组上一起复制。

在有些情况下，这些整合进入细胞基因组的病毒会重新利用宿主的细胞机器合成自己所需的病毒蛋白，复制自己的基因组，组装成新的病毒再离开细胞。在这个过程中，有些病毒记性不好，丢三落四，忘记把所有病毒基因打包带走，还剩下一些留在宿主基因组里；有些病毒在宿主基因组里住得太开心，乐不思蜀不想离开了，就一直住了下来，慢慢地随时间推移，可能逐渐失去了一些重要的病毒蛋白，再也无法离开细胞。这种病毒在细胞里留下部分痕迹的情况并不常见，而且即使偶尔发生在某一个细胞里，也只会存在于这一个细胞或生物个体中，极少有机会流传下来。但是，在几十亿年的漫长进化过程中，再罕见的事情也会发生，于是这个病毒留下一点，那个病毒也留下一点，日积月累，生命体里由病毒留下的"到此一游"痕迹就越来越多，它们就如同在长期进化过程中因远古时期的感染而残留在宿主基因组里的"化石病毒"遗迹[21]。

此外，还有一些贪心的病毒在离开时，顺手牵羊地把宿主细胞的基因也偷偷带走一部分，当它感染其他细胞或者物种时，就有可能把从第一个宿主身上带来的基

---

21 它们被称作"内源性逆转录病毒"，英文名endogenous retrovirus，缩写为ERV。

因插进新的宿主，就好像快递员把货物从厂家送到我们手上一样。这样就造成了基因从一个物种到另一个物种的传播。假如没有病毒的"帮助"，自然界发生这个过程的概率微乎其微。所以，从这个角度讲，病毒的确促进了生命的进化。

病毒对生命产生了什么直接影响？

大家一定不会否认笔者和正在看书的各位读者都是人类，但是人类真的就是100%的"人类"吗？请先找个板凳坐好，因为答案也许会让你大吃一惊。科学家研究发现，如果从基因组的角度来看，人类基因组大约有8%的部分是刚刚说过的"化石病毒"遗迹。这些残留物来自古老的逆转录病毒，在三四千万年以前开始逐步整合到人类基因组中，到现在大概有超过10万种远古病毒的遗迹被困在我们的基因组中，和人类一起共同进化。这些化石病毒有的"弃暗投明"被我们的身体同化利用，变成了正常细胞必不可少的一分子；还有的隐姓埋名，不再兴风作浪，乖乖地作为化石安静地存在于我们的基因组里。最近的一篇研究报道甚至还发现，一些原以为沉默的"化石病毒"遗迹，甚至会在细胞衰老过程中被再度唤醒，并进一步将衰老的影响放大扩散开。

科学家目前已经发现很多证据，表明病毒可能和整个生命的进化有重要关系，不过由于研究几十万年前甚至几百万年前的细胞内所发生的事情实在太过困难，所以更多的是基于现有证据的推测和假说。这些观点仍然存在一定争议。但科学不就是这样吗？观察现象，科学推理，提出假说，寻找证据或进行实验，再证明或证伪提出的假说，然后再次根据新的现象和证据修改优化假说，如此周而复始。无论这个假说最后被证明是正确的还是错误的，在证明它的过程中一定会对科学研究产生推动作用。所以，千万不要小看假说的力量。下面就来介绍几个有关病毒和生命进化的假说。

假说1：病毒创造了细胞核？

细胞核相当于细胞的"司令部"，里面包含绝大多数细胞中的遗传物质，指导蛋白质合成的"鸡毛信"——RNA就是在细胞核里写成的。科学家区分生命形式的第一个重要依据就是看其细胞是否存在细胞核，并相应地分成真核生物和原核生物两种。动物、植物和真菌等属于真核生物，即是细胞里有一个真正的"核心"——细胞核；细菌、部分藻类等则属于原核生物，只有一个很原始的细胞核心区域而非真正的细胞核。可以说，细胞核的产生是生命进化进程中由低等到高等的一个里程碑式的事件。但是，细胞核是怎么产生的呢？很遗憾，科学家目前还没有完全揭示这个过程。但已经有越来越多的证据表明，细胞核不是凭空出现的，很可能是在25亿年前～15亿年前，有一个小细胞定居在一个大细胞内部，从而逐渐进化成了细胞核。

最近，有些科学家提出了一个全新的假说——定居在原始细胞里面导致细胞核的形成的，很可能并不是另一个小细胞，而是一个大病毒。科学家提出这个假说可不是信口雌黄，而是有充分的根据。第一，痘病毒[22]是一类非常复杂、庞大的病毒，是少部分自带"抄写员"复制自身DNA基因组的病毒之一。最令人惊讶的是，它的"抄写员"居然和真核细胞的一种主要"抄写员"非常相似，以至于有科学家认为，真核生物的这些"抄写员"很可能源于痘病毒的远古祖先。第二，有科学家发现痘病毒和真核生物的基因组在组成结构等方面有一定的相似性。第三，痘病毒感染细胞后，会在细胞里圈地形成一个独立的小区域进行病毒基因组的复制，这个区域在某些形态结构方面也与细胞核有一定的类似之处。第四，也是最重要的一点，前文曾经提到过的巨型病毒，在大小、复杂程度、结构等方面，都与简单的小型原始细菌类似，而且某些真核细胞的部分蛋白可能正是起源于这些巨型病毒。综合以上种种证据，科学家推测，很可能正是这些巨型病毒感染细胞后，导致细胞产生

---

22 感染哺乳动物的病毒中最大、最复杂的一类病毒，臭名昭著的天花病毒就是一种痘病毒。

了细胞核。有可能是这些病毒在感染原始细胞后，鸠占鹊巢偷走了原始细胞的"身体"，并利用它作为病毒工厂，同时它自己逐渐进化成了细胞核；但也有可能是，原始细胞在被病毒感染后，"学习"了病毒的复制策略，并"偷走"了病毒的某些基因，专门"修建"了一块细胞内的独立区域，用于保护遗传物质更好地复制，这个独立的区域后来逐渐进化成了细胞核。

无论这个观点是否正确，无论具体机制到底是什么，仅仅是病毒可能与细胞核的产生这件事有相关性这一点，就已经足够令人吃惊了。期待更多的巨型病毒或其他证据的出现，能够尽快为我们揭开这个谜团。

假说2：病毒创造了哺乳动物？

早在大约1.6亿年以前，地球上产生了最原始的哺乳动物。就像现在的鸭嘴兽一样，这些原始哺乳动物虽然可以产生乳汁哺育后代，但还是通过产卵来繁殖后代，因为它们还没有进化出供胎儿从母体吸收营养的胎盘。

6500万年前，由于一个偶然的机会，有一只原始哺乳动物祖先被一种远古逆转录病毒感染了，而且逆转录病毒的基因组整合进入了原始哺乳动物生殖细胞的基因组里。大多数时候，当动物或者细胞死亡的时候，整合进入的病毒基因组也一起随之消亡了。但是，无巧不成书，这次感染发生了一系列的巧合，从而导致这个病毒的基因组长期保存在了细胞中，从而形成了"化石病毒"遗迹。这个好运气的病毒拥有一种特殊的蛋白质，可以帮助病毒囊膜和细胞的膜融合在一起，就像两个肥皂泡连通之后变成一个那样。经过漫长的年代后，这种特殊的病毒蛋白逐渐进化成了一种叫作"合胞素"的蛋白。在胚胎形成的最早期阶段，胚胎表面的一层细胞就可以产生合胞素。合胞素的前身就是能够介导细胞融合的病毒蛋白，而这个重要的基本功能在经过了长期进化后仍然保留着。在合胞素的作用下，胚胎的这一层细胞和母体的子宫壁细胞发生大量融合，从而形成了哺乳动物区别于其他动物的一个重要的标志性组织——胎盘。胎盘的作用非常大，一方面它是胎儿和母体之间吸收营养、排泄废物的交换场所，另一方面也让胚胎能够紧紧地粘住母体。正因为有胎盘的存在，哺乳动物终于摆脱产卵后体外孵化这种生殖方式，利用胎盘使胚胎直接住在母亲体内好好地发育。

所以，哺乳动物得以进化和出现，很可能也与病毒有关。

除了合胞素以外，在胚胎发育初期，还有大量的"化石病毒"遗迹非常活跃，它们在合适的细胞里产生了大量蛋白质。这些源于远古病毒但现在属于生物自身的蛋白质，能够帮助胚胎发育、细胞分化、抵御其他病毒感染等，发挥了很多让人意想不到的功能。

假说3：病毒创造了记忆？

在病毒的帮助下，细胞获得了细胞核，哺乳动物也获得了胎盘，生命的发展越来越复杂、高等。发展到一定程度之后，记忆就成为生命不可或缺的重要组成了：只有记住了什么能吃、什么有危险，生物才有可能存活下来。如此重要的"记忆"，到底是怎么在脑子里产生的，又是怎么在脑子里保存的呢？

虽然还没有完全揭示记忆的本质和记忆产生、保存的过程，但多数科学家认为，记忆和神经元[23]以及神经元之间的相互通信有关。人体的细胞之间可不是老死不相往来的，神经元也需要相互传递信号、交流信息。人脑里有近千亿个神经元，每个神经元都可能和另外的几百到几千个神经元相互连接，由此产生了一个无比庞大的网络。神经信号就在这些连接和网络之中彼此传输、处理、交换，从而产生了记忆与意识，并控制着人类的一切行为。神经元之间有很多种不同的交流方式，而其中很重要的一种交流方式就是"写信"：神经元会用一种被称为囊泡的"信封"，包裹一些小分子物质（神经递质）或者特定蛋白质，然后把它们从一个神经元送进另一个神经元，借此来传递信息。

---

23 神经元是一种专门负责处理神经活动的细胞。

在一种非常重要的实验动物——果蝇里，科学家发现了一种特殊的"信封"[24]。形成这种"信封"的蛋白质可以聚集在一起，形成球状外壳，接着包裹住指导合成它自己的RNA"鸡毛信"，离开现在这个神经元之后进入下一个神经元，然后再用这些RNA"鸡毛信"指导在另一个细胞里生产"信封"蛋白。想到了什么吗？没错，听起来是不是有点像病毒衣壳包裹病毒RNA基因组，从一个细胞释放出来后感染另一个细胞？别急，更让人吃惊的还在后面。通过电子显微镜观察，科学家发现，这个"信封"蛋白聚集形成的球状外壳结构，居然和一些逆转录病毒的衣壳惊人地相似。进一步研究还发现，这个"信封"衣壳无论是组装方式，还是在神经元间穿梭的方式，都与病毒很相似。不仅是在果蝇里，人体中同样也有这个"信封"基因。它对于记忆的形成非常重要，一旦出现了问题，可能会导致阿尔茨海默病、精神分裂症、天使综合征等多种神经系统疾病的发生。

最后，科学家终于了解，这种特殊的"信封"蛋白果然起源于病毒。可能是发生在4亿年前～3.5亿年前的一个偶然事件，一种远古逆转录病毒把自己的基因组插入了动物远古祖先的基因组中，并在机缘巧合之下被这些动物所利用，帮助它们获得了更好的记忆能力，从而逐渐开启了智慧的大门。现在，这种"信封"蛋白的基因正是我们基因组中残留的"化石病毒"遗迹。所以，我们能够产生记忆和智慧，很可能要感谢病毒。

病毒创造了更多

细胞核、合胞素和记忆"信封"绝不是病毒对生命进化"唯三"的重要贡献。相信随着越来越多研究工作的开展，病毒在生命进化过程中的秘密一定会被越来越多地发掘出来。这些结果必将帮助我们更好地了解病毒和生命、病毒和生命进化剪不断理还乱的关系。

---

24 全称为"细胞骨架活动调节蛋白"，英文缩写为ARC。

地球上有多少病毒？

病毒快速变异最直接的结果就是它们的种类越来越多、适应能力越来越强、数量越来越多。经过几十亿年的快速演变，病毒与各种各样的宿主细胞斗智斗勇共同发展，逐渐变成了地球上最成功的生物（很可能没有之一）。

病毒的数量多得惊人

人类常常以地球的主人自居，但是实际上，人类只是地球生物的一小部分。根据估计，如果把地球上所有一切生命按所占重量排序，最多的应该是植物，占比达到82%；微不起眼的细菌占据了13%，远远超出我们的想象；昆虫、鱼类、鸟类、哺乳动物这些我们平时常见的动物，全部加起来也只占世界总生物重量的5%。至于人类，全世界有80亿人口，看上去好像很多，但实际只占地球生物总重量的0.01%。最让人意外的是，病毒的总重量居然是人类总重量的大约3倍，令人难以置信。

病毒的总重量也就只有人类的3倍而已，也就是说占生物总重量的0.03%左右，看上去好像不算太多，是不是？但是别忘了我们之前说过的关于病毒的一个重要特点，个体微小。想想看，这么微小的个体能占据这么多的重量，数量得有多么庞大啊！

的确，世界上的病毒数量多到超乎想象。

地球被称作蓝色星球，是因为其大约70%的面积被海洋覆盖。庞大的海洋里不光有大量的鱼虾水草等海洋动植物，其实还有无数的微生物和浮游生物，它们构成了整个海洋食物链的基础。既然病毒可以感染一切生物，它们自然也不会放过海洋里的各种"美味"，所以海洋中同样存在着数量众多的病毒。那么，怎么才能知道海洋中究竟有多少病毒呢？显然不能像做人口普查那样一个一个去计数。科学家采取的是抽样检测，然后再整体估算的方法。比如，要了解一片森林里有多少棵树，可以先划定一个固定面积的区域，数一数这个小区域里有多少棵树；然后再通过森林的总体面积估算一下总体树木的数量。不过，森林里树木的生长情况可能不同，可能有些地方稀疏，有些地方稠密，如果只在一个地方数一次，估算的结果会不准确，所以需要多找几个不同的地方分别去计数。计数的地点越多，最后的统计估算结果就越准确。

估算海洋里的病毒数量的方法也一样。几个世纪以来，众多海洋科学家在遍及全球的不同海洋的不同深度采集了大量的海水样品，研究了这些样品中的细菌和病毒数量，积累了大量的数据。不过，海洋的情况比我们刚才举的森林的例子复杂太多了，海域、水温、深度等方面的区别和差异都需要考虑进去。所以，有一些专门进行估算的科学家建立了非常复杂的计算方法，基于这些采样统计的数据，通过调整各种参数，才能得出最终的结果。目前比较普遍的看法是，平均每毫升海水中含有大约1000万个病毒颗粒，而整个海洋中的病毒颗粒总数差不多有10^{30}个。其中占绝大多数的是我们之前说过的、专门感染细菌、真菌和藻类等微生物的特殊病毒——噬菌体。对于1毫升没有什么概念？这么说吧，大家如果把家里的水龙头开得非常小，让水珠一滴一滴慢慢滴下来，粗略估算，20滴差不多就是1毫升了。对于任何事物的科学认识都有一个过程，科学家也在不断地调整估算方法、优化计算参数，直到现在还在持续修正估算结果，比如，2016年有科学家认为每毫升海水中含有上亿个病毒颗粒。

不光是在海洋里，空中同样有大量的病毒存在，虽然我们看不到摸不着，但是它们在我们周围盘旋环绕、随风起舞。空中的病毒主要来自海洋和陆地，海水蒸发后化作海雾和蒸汽，土壤干燥后形成灰尘随风飘扬，而原本老老实实待在海水和土壤中的病毒搭乘着蒸汽和灰尘的便车，有时候可以上升到地面之上3000米的高空，在这里它们就可以自在地随着大气环流周游世界，伺机落回地面找到下一个感染目标了。雨雪天气需要测量降水量了解降水情况，那时时刻刻落下地面的"病毒雨"到底有多少呢？为了排除日常生活对测量准确度的影响，科学家在高高的山顶放了几个水桶，然后统计降落到这些桶里的病毒数量，用这种方法来估算"降病毒量"。结果着实令人吃惊，根据科学家的计算，平均每天会有大约几亿个病毒颗粒从天而降，落到1平方米的陆地上。

陆地上的情况比较复杂，因为受到地理环境，如地形、温度、湿度、高度等影响，要精确统计病毒数量就更难了。不过，只要有生物的地方就会有病毒，因为数量最多的生物是细菌、藻类等微生物，所以专门针对它们的噬菌体显然占据了陆地上病毒的绝大部分。据估算，1克土壤（差不多是30粒大米的重量）里有几百万个到几亿个病毒。

海陆空都说过了，那么地球上的病毒总量到底有多少呢？目前最常见的说法是全世界所有的病毒加在一起大约有 10^{31} ~ 10^{32} 个。如果像聚沙成塔那样，把这些只有几十纳米或几百纳米的小东西一个一个手拉手、肩并肩地连接起来，病毒将能形成一条长长的病毒之链。如果从地面向空中伸展，这条病毒之链将远超过一般人的身高（1.7米），超过地球到太阳的距离（1.5亿千米），伸出距离太阳最近的恒星比邻星（4.3光年），甚至远远地伸出银河系（直径10万光年）。实际上，这条病毒之链已经达到了难以想象的1亿 ~ 2亿光年。

病毒的种类多得惊人

病毒的数量如此巨大，那么有多少不同种类呢？就像估算病毒总数一样，科学家们一直在试图寻找各种办法回答病毒有多少种类的问题，不过直到现在也还没有一个确切的答案。每当有新的研究公布，在不久之后就会有另一项新的研究成果修正上一个研究得出的结论。

传统的病毒种类计算方法是先采集标本，检测其中的病毒种类，再进行整体推算。1993年，曾有研究人员估算，假设地球上的约5万种脊椎动物（这个数字是当时研究人员的一个估算值）中的每一种体内都含有20种不同的病毒（根据简单的检测实验大致估计的数字），那么大约有100万种脊椎动物病毒。2013年，一项新研究收集了大量蝙蝠的样本，然后利用更新的技术检测了这些样本里的病毒基因组蓝图，结果发现在这种蝙蝠体内平均含有58种不同的病毒。那么可以推算，已知的5000多种哺乳动物体内一共可能含有约32万种不同的病毒。进一步推而广之的话，现今已知的6万多种脊椎动物体内的病毒种类将高达约400万种，远远高于之前的估算。再继续推算，已发现的近200万种动物、植物、真菌、藻类等一共含有超过1亿种病毒。注意，这个估算的数字还没有包含针对细菌的噬菌体，如果把它也算上的话，很可能是一个巨大的天文数字。

但是，上面这些研究和结论是由某个或某些科学家通过研究少数几个区域所获取的样本和信息进行的分析测算，很可能不太完整和准确。为了能把采样范围扩大到全球以便更好地、更完整地了解海洋微生物和病毒多样性，全世界的科学家在2009年共同启动了一项遍布全球的研究计划，称作"塔拉海洋"计划。

"塔拉"是一艘以保护地球和海洋为使命的双桅科考帆船的名字，它作为航行在全球海洋上的流动实验室，足迹遍布世界各个角落。经过多年持之以恒的努力，"塔拉"不断在全球数百个海洋观测站采集样本。2015年，科学家共发现5000多种不同的海洋病毒，而其中只有不到40种是之前已为人类所知的；2016年，科学家通过继续深入研究，把发现的海洋病毒种类增加到了15000多种；接着，"塔拉"把足迹延伸至南北极甚至海面以下数千米，继续收集样本，在2019年鉴定出了近20万种不同的海洋病毒。颠覆科学家以往认知的是，这些病毒中居然有一小半来自北极地区，这说明苦寒之地也有大量的病毒种类。这些被发现的海洋病毒中，有大约90%无法归类到任何已知的病毒分类中，也就是说，人类对海洋病毒的了解只有可怜的10%！

由此推广到地球上的所有病毒，再把检测技术、取样位置的限制考虑进来，这已经发现的近20万种海洋病毒很可能是冰山一角，更多的病毒种类还在等待科学家揭开它们的面纱。

病毒对现代世界的影响

可能有人会觉得，世界上有这么多病毒，这些病毒让我们人类生病、让我们的宠物生病、让我们的牛羊鸡鸭生病、让我们的森林树木生病，可没干什么好事。可能有些人会希望病毒赶快从地球上彻底消失，因为这样人类的疾病和其他麻烦就会少很多。

事实果然如此吗？我们真的可以离开病毒吗？

答案是否定的。

虽然病毒在我们多数人的印象里只是作为传染性病原体并导致各种生物生病，但这只是以人类为中心去看的结果。事实上，遍布全球的大量病毒在地球上扮演着不可或缺的关键角色。

病毒和物质循环

大家应该都玩过石头·剪刀·布，剪刀赢布，布赢石头，石头赢剪刀，环环相扣，缺一不可，这样游戏才能顺利进行。自然界这个完美自洽的平衡也是如此。

想象一下，地球上存在着大量以无机化合物形式存在的基本元素，比如碳、氢、氧、氮、磷、钾、钙、镁、锌等，它们是构成所有地球生命形式的最基本的组成部分。以广袤的海洋为例，海里的植物、藻类和部分细菌通过光合作用、硝化作用等，把这些无机化合物利用光能、化学能等转化成有机物。一些植食性的鱼虾等动物以这些植物、藻类、细菌作为食物，维持自己的生存和繁殖，同时它们自己也为一些食肉性的大鱼提供了新的食物。在食物链最顶端的是大白鲨、虎鲸等猎食动物。当所有动植物完成了自己的生命周期以后，它们的尸体又会被细菌等微生物分解成简单的无机物，让这些基本元素回到土壤、海洋和大气，从而让它们再次被利用。这看起来像是一条单向的链条，因此被称作生物链。但实际上，大量的生命形式参与进来之后，形成了一张复杂的大网，被称为生物网。每个生物都在其中占据了重要的一环，和石头·剪刀·布一样，缺一不可。

在这个生物网中，千万不要忘了一个重要角色，即占据绝对数量优势的病毒。上文描述的那张食物网看似没有病毒存在的位置，但实际上病毒可以针对网里的任何一个环节发挥作用，因此病毒在整个海洋生态环境中起着至关重要的角色。在海洋中，每一秒都发生着大约 10^{23} 次病毒感染，无论是藻类还是动物，都可能因受到病毒感染的攻击而死亡。由于海洋中的藻类和细菌数量远大于其他生物，所以首当其冲的自然也是它们。据统计，病毒每天会破坏海洋浅表水域里20% ~ 40%的细菌和藻类等微生物。如果没有病毒存在，海藻等就会不受控制地暴发性生长，从而形成赤潮或水华，严重时会造成大量水生生物死亡。所以病毒是生态平衡中一个重要的组成部分。

自然界被病毒感染的细胞和生物会成为其他动物、植物、细菌的食物或养料，养活成千上万的新生命。生命的轮回过程生生不息，形成了自然界的物质循环。病毒同样也是其中重要的组成部分。如果没有病毒，物质循环链就缺失了一个关键环节，会导致大量生命失去生长繁衍的机会。

病毒和地球环境

除了直接参与地球上的生态平衡和物质循环，病毒也通过其他方式间接地影响着地球、影响着气候、影响着地球上的生命。

众所周知，氧气是维持世界上绝大多数动物存活的关键物质，除了植物以外，海洋中的蓝细菌（蓝藻）和其他一些藻类也可以通过光合作用吸收二氧化碳，产生氧气。但是，大家可能想象不到，藻类产生的氧气可能也与病毒有关。我们之前曾经说过，病毒在感染细胞后，有时会在不经意间扮演"基因快递员"的角色，把基因从一个物种带给另一个物种。海洋里的蓝细菌是远古时期为地球"充氧"的主力队员，也是目前地球上进行光合作用的重要力量。而科学家发现，蓝细菌中负责光合作用的蛋白质，很可能就拜病毒所赐，可能是很久以前的某个时间由某种远古病毒感染蓝细菌祖先时，把这个光合作用蛋白的基因"快递"过来的。直到现在，在很多感染蓝细菌的特殊病毒——噬蓝藻体中，仍然保留着这个基因。就这么一次在遥远过去的无心插柳的感染，病毒就为现在地球上需要氧气的各种生命形式间接创造了合适的生存环境。

病毒对地球环境的影响也不完全是这些"老皇历"，实际上现在的病毒同样在影响着地球环境和气候。大家一定知道，作为一种温室气体，二氧化碳太多会导致温室效应影响全球气候，而海洋中大量的蓝藻等微生物吸收了地球上大约一半的二氧化碳，为减少温室气体做出了重要贡献。同时，绝大多数生物没办法直接利用二氧化碳，但这些藻类可以把二氧化碳中的碳元素转化成有机物，这样就可以被其他生物直接利用了，这个过程被称为碳固定。有研究表明，海洋中可能有60%的蓝藻同时被病毒感染，因为这个原因，每年会减少碳固定54亿吨，这差不多是海洋碳固定总量的10%，或者全球碳固定总量的5%。不过，这不一定是坏事情，虽然二氧化碳太多了不好，但是假如藻类吸收了太多的二氧化碳，同样会导致大气中的碳循环失衡，影响其他植物的生长。所以碳固定的平衡对自然界的物质循环和气候稳定具有重要作用，而病毒可以通过感染藻类，影响其参与二氧化碳循环的进程，也是全球碳固定平衡的重要一环。

童话故事中，吃小羊的大灰狼是邪恶的，但是在自然环境中，狼也是整个生态平衡的重要一环，无关善与恶。同样，尽管病毒的存在完全依赖于感染其他生物的细胞，可以说病毒的生存是建立在其他生物的死亡（或疾病）的基础上。但即使如此，病毒的所作所为也无所谓善与恶，它们是自然环境不可或缺的一个组成部分，维持着自然界的生态平衡和营养循环，甚至影响着气候变化。而且因为其巨大的体量和特殊的地位，在整个现代生态环境的形成和发展中可能具有无可替代的至关重要的作用。

病毒和疾病

现代社会，病毒好像越来越多了，时不时就有各种各样的病毒性传染病的暴发。远的不提，就说近几十年，艾滋病、乙型肝炎等传统"项目"一直没有离开过我们，流感每年冬天会季节性流行，登革热、流行性乙型脑炎等常年借着蚊子空袭南美洲或热带地区，禽流感、甲型H1N1流感、狂犬病、非洲猪瘟等时不时危害动物，骚扰人类。此外，2003年的SARS、2012年的中东呼吸综合征（MERS）和2019年年底发生的新冠病毒感染（COVID-19）三兄弟轮番上阵，再间歇点缀着2014年非洲埃博拉病毒暴发、2015年巴西的寨卡病毒暴发、2018年印度尼帕病毒暴发，等等，各种病毒和传染病前赴后继地登场。

那么，真的是现在的病毒比以前多吗？这可不见得。病毒性疾病的频繁暴发，很有可能不应该怪病毒，而应该从人类自身去找原因。

第一，人类的科学技术和医疗水平越来越发达，可以诊断出越来越多的传染病，鉴定出越来越多的病毒。古代经常会有"瘟疫"，"瘟疫"其实就是造成大面积传播的烈性传染病，不光是病毒，细菌或者寄生虫都可能是造成瘟疫的病因。但是，病毒直到1898年才被人类所发现，所以在"瘟疫"横行的年代，并不是没有病毒，而是人们还没有意识到病毒的存在。

第二，随着城市和社会的发展，越来越多的人聚集在一起，同时也通过便捷的交通四处流动。想想看，古代地广人稀，城市村落规模都不大，即使有了传染病，也不容易传播得太广泛。而且受到交通的限制，人们很难四处迁移，所以一个地方的病毒暴发也很难传到相距遥远的另一个地方。可现如今就不一样了，一座城市有着上千万人，一个社区可能有几十万居民，大家每天乘公交、地铁，逛超市、商场，熙熙攘攘的人群极大地方便了病毒的扩散。高铁飞机的出现可以让病毒在极短的时间内遍及全国甚至全世界。现在的地球真的变成了"地球村"，交通高度发达，传染病的扩散如果得不到有效控制，各个地区和国家在其影响下将会一损俱损。

第三，随着人口不断膨胀，社会不断发展，野生动物的自然领地不断地被人类压缩侵占，使得野生动物和人类密切接触的机会大幅度增加。有些人放着好好的美食不去品鉴，非要去吃"野味"（各种各样的野生动物）。野生动物本来就是很多病毒的天然宿主，但经过了长时间的进化，大多形成了相安无事的局面：动物习惯了病毒，病毒也适应了动物，虽然可以感染，但不一定会导致严重的疾病。但是，一旦野生动物接触了人类，或者变成了人类的食物，原本在动物体内相安无事的病毒就可能传播给人类。虽然并不是所有的野生动物身上的病毒都能感染人类，也并不是所有的病毒感染人类后都能让人生病，但即使是非常少的一部分病毒以极小概率感染人类并导致严重的后果，都可能大面积扩散，带来难以挽回的灾难。

很多烈性病毒性传染病都是经由动物传给人类的，其中最大的毒源就是蝙蝠，比如说埃博拉病毒、SARS病毒、中东呼吸综合征冠状病毒、尼帕病毒都源自蝙蝠，然后通过其他动物传给人类，并在人类社会中造成了重大疫情。所以，预防新的病毒性传染病暴发，一个重要的措施就是尊重野生动物的领地，减少对野生动物的侵扰，远离野生动物。牢记病从口入的道理，千万不要随便把野生动物当作食物。

第四，还有一个隐患，虽然目前还没有造成严重后果，但科学家一直有此担忧。在地球的南北极和高山冰川，有着几十万年没有融化的冰层，这些冰层中也可能冻结着古老的病毒。科学家在这些冰层里发现的最古老的病毒有14万年之久，而且还保持着活性。也就是说，这个病毒理论上还有可能感染合适的宿主。而且，科学家在冰层里还找到了很多完全没有见过的病毒，对人类甚至对现在地球上的生命来讲，这些"古老病毒"是全新的，万一发生了感染，很可能因为没有抵抗能力而造成灭顶之灾。本来这些病毒被冻在冰层里不会来打扰我们，但在全球变暖的影响下，大量的冰川和冰层开始融化，很可能某一天就有一个前所未见的恐怖病毒重新出马，肆虐全球。虽然这种情况未必会出现，但如果我们任由全球变暖、冰川融化，迟早可能放出困在冰层牢笼中的古老病毒。究竟这些病毒是温柔可爱型的，还是狡诈狠毒型的，就只好看地球生物自己的运气了。如果想避免这种靠运气赌生死的情况发生，我们一定要从自己做起，努力避免全球继续变暖，保护冰川和冰层。

要知道，保护我们的地球，就是保护我们自己。

第三章

病毒的发现

世界上有那么多病毒，要发现它们一定很容易吧？实际上，人类注意到病毒所造成的后果，距今已经有数千年了。

病毒那么小，看不见摸不着，要发现它们也一定很困难吧？实际上，人类真正了解病毒的存在，距今只有100多年的时间。

那么，病毒到底是怎么被人类发现的呢？

揭示万有引力定律的著名科学家艾萨克·牛顿曾经说过一句著名的话："如果说我看得更远，那是因为我站在巨人的肩膀上。"病毒的发现过程同样如此，科学家通过努力，一步步地把科学技术向前推动，终使人类了解到，世界上原来还存在着病毒这种奇葩生命。

这个故事说来话长，先从帮助人类看清微观世界的利器——显微镜讲起吧。

微观世界的大门是怎么被打开的？

旺盛的好奇心一直是驱动人类前进与发展的最重要的动力。长久以来，人们仔细地观察研究这个世界，然后对看到的一切进行归纳总结，发现风雨雷电、山河水土和花草树木、鸟兽鱼虫有着本质的区别，后者能生长活动，是有生命的，所以把它们叫作生物。受限于目力，人们只能观察到肉眼所见的世界，因此一直以为世界上的生物只有植物和动物。

但是，人类永远都不会满足于已经了解的事物，一直在发展各种手段去探索未知。

公元1世纪左右，罗马人发现向玻璃中加入适量二氧化锰可以制备透明玻璃。在对玻璃进行观察研究和各种测试的过程中，他们发现如果把透明玻璃做成中间厚、边缘薄的形状，通过它观察到的物体看上去会更大。你一定想到了，这不就是我们经常用的放大镜吗？虽然我们现在对放大镜司空见惯，但在当时这可是不得了的发现。因为这种中间厚、边缘薄的形状很像一种小扁豆，所以当时的人们就用这种小扁豆的名字"lens"来命名这种透明镜片，而在中文里，我们把它称作"透镜"[25]。

在接下来的1000多年，人们制造和磨制玻璃的技术一步一步提高，到13世纪末的时候，大量的透镜开始被用于制作眼镜，帮助视力不好的人更好地看清楚东西。而放大镜，也就是凸透镜，也变成了常见的东西。当时的凸透镜能把物体放大6～10倍，拿它来观察跳蚤或者其他小昆虫可是一件非常时髦而且有趣的事情，这些早期的凸透镜也因此被称为"跳蚤眼镜"。

1590年左右，荷兰眼镜制造商扎卡里亚斯·詹森和他的儿子约翰内斯·詹森[26]一起，把几个精心设计的透镜用套筒组合起来，透过管子里的这组透镜看过去，另一端物体似乎被放大了很多，虽然放大倍数并没有比当时的普通放大镜提高太多，但关键是通过伸缩，可以调节放大倍数，还能通过聚焦让人看得更加清楚！这就是最早发明的真正意义上的显微镜。这种组合使用两个或多个透镜的显微镜，就叫复合显微镜。

1660年左右，英国科学家罗伯特·胡克发明了控制显微镜高度和角度的方

---

25 中间厚、边缘薄的透镜被称为凸透镜，通过它能让物体看上去更大；而中间薄、边缘厚的透镜被称为凹透镜，通过它能让物体看上去更小。

26 不过，关于这段历史还有一些争议，有些说法认为这可能是他儿子捏造的。

法，又优化了显微镜的照明方案，不仅让显微镜的放大倍数提高到了50倍，同时也可以看清观测对象更多的细节。于是，在接下来的时间里，胡克观察了大量的植物、动物、矿石等。当把软木塞切成薄片放在显微镜下观察时，他惊讶地发现了一排一排像小格子一样的结构，就好像排列整齐的小房间。胡克把这种结构命名为"cell"，英文原意就是指"小室"。当翻译成中文的时候，我们把它叫作"细胞"。胡克把他几年间的观察结果精心绘制成图并集结成册，在1665年出版了著名的图书《显微图志》，在这本书里，他不仅描述了自己优化过的显微镜和观察到的各种神奇事物，还介绍了只有一个透镜的单式显微镜。

在罗伯特·胡克让人类得以一窥微观世界的大门之后，真正推开微观世界大门的"显微镜之父"——安东尼·列文虎克就要登场了。

1666年，荷兰商人安东尼·列文虎克在访问伦敦的时候，对显微镜产生了兴趣。回到荷兰以后，列文虎克开始制造罗伯特·胡克在《显微图志》中描述过的单式显微镜。列文虎克制作的显微镜只有一个小小的透镜，和现在常见的显微镜看上去大相径庭，结构上也比罗伯特·胡克的复合显微镜更加简单。但是列文虎克凭借自己精湛的镜片打磨和抛光技术，制作出放大倍数更大、成像更清晰的精良显微镜，有一些甚至能够把物体放大270倍，最小可以看到1.35微米的东西，远远超过同时代的其他人！不过，这种单式显微镜使用起来可不太容易，虽然放大倍数非常大，但需要极大的耐心去调整角度和光照，才能得到良好的成像结果。

列文虎克怀着极大的好奇心，花费了大量精力和时间去制造显微镜[27]，同时也用这些显微镜孜孜不倦地去探索微观世界。1674年，他在观察湖水时看到了藻类和一些运动的"非常微小的动物"（很可能是原生动物）；同年，他还清晰、准确地描述了红细胞，并且测定了它的大小。1676年，他观察雨水时发现了大量的快速运动的"小颗粒"，

---

27 他一生磨制过500多块透镜，装配了200多台显微镜，欧洲很多达官贵族和科学家们都以拥有一台列文虎克的显微镜为傲。

还计算出大约1万个"小颗粒"才有1颗沙粒那么大（直到200年以后，人们才知道这就是细菌）。1683年，他发现了昆虫体内的毛细淋巴管，还发现它们含有"一种像牛奶般的白色体液"（应该就是昆虫的淋巴液）。此外，列文虎克还曾经观察过肌肉纤维、牙垢和粪便中的微生物、多种寄生虫等。列文虎克持之以恒地对微观世界开展了50多年的观察，并通过500多封信件把自己的观察结果向科学机构和社会公开，获得了一致认可。列文虎克的努力，为全世界真正打开了通往微观世界的大门，同时也向全世界宣告：有一些肉眼看不见的微小生物的的确确存在于世界上。

詹森的显微镜　　　　胡克的显微镜　　　　列文虎克的显微镜

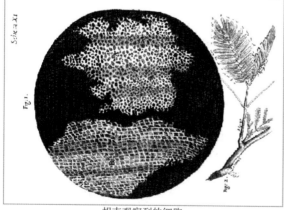
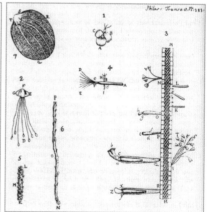

胡克观察到的细胞　　　　　　列文虎克观察到的水生生物

图3-1：显微镜的发展

从众多科学家和列文虎克的传奇经历中可以看出，好奇心是最好的老师，对自然抱有极大好奇心的人，才会愿意付出努力去探索未知，才有可能获得新的发现。

微生物导致传染病的发现历程

列文虎克展示的这些微小的生物，我们现在统称为微生物。在此之后的200多年时间里，大量的科学家开始关注微生物，但这段时间的研究还只是观察描述微生物的形态，再根据"长相"把它们分门别类。可以这么说，虽然微生物世界的大门已经被推开了，但大家还只是在门口窥探而没有真正踏入这个新奇的世界。

终于，有一位伟大的科学家通过开展微生物的生理学研究，引领大家走进了微生物的世界，也为现代微生物学的研究奠定了基础，这就是日后被称为"微生物学之父"的法国科学家路易斯·巴斯德。

发酵与微生物

在涉足微生物领域之前，巴斯德已经是一名颇有声望的化学家了，因为出色的研究成绩，他在1854年被任命为里尔大学科学学院的院长。里尔地区的支柱产业是葡萄酒产业。但是，在把葡萄酿造成酒的过程中，人们经常会遇到各种各样的问题，比如，醇香的葡萄酒在储存运输过程中可能会发酸，变得像难喝的醋一样。为了解决这个问题，巴斯德对葡萄酒的发酵[28]开展了一系列研究。

在当时，多数科学家认为发酵过程是自然产生的化学现象，和生物完全无关。不过，巴斯德可不想人云亦云、只做表面工作。他用显微镜仔细地观察这些正在发酵的葡萄酒。虽然发酵产物的残渣很多，但巴斯德通过敏锐的观察力成功地注意到

---

28 发酵在拉丁文中原意就是"冒泡"。人们在观察自然界的各种发酵过程时，经常会看到咕嘟咕嘟的气泡从正在发酵的液体里冒出来，所以就用"冒泡"来称呼这个过程，后来，逐渐发展出了"发酵"的意思。人们掌握发酵的历史已经有几千年了，发面、酿酒、做酱油醋、腌酸菜、做酸奶、做奶酪等，都需要发酵的过程。

了不同寻常的地方：原来醇香的葡萄酒里有很多小球状的微生物，而酸败的葡萄酒里多了很多长杆状的微生物。通过实验，巴斯德还发现，正是这些小球状的微生物使得富含糖分的葡萄汁变成了美酒，而长杆状的微生物会把美酒变酸。现在我们都知道了，那些小球就是酿酒酵母，它们利用糖分产生酒精；而长杆状的微生物呢，可能是乳酸杆菌，在没有氧气的情况下把糖分转化成乳酸，也可能是醋酸杆菌，它们以酒精为食，产生醋酸。

经过大量研究和仔细分析，巴斯德发现原来所有发酵过程都是微生物主导的，而且不同微生物在不同条件下会介导不同的发酵过程。这些过程需要消耗的原料不同，得到的产物也不同。有的反应需要空气（实际上是氧气），而有的讨厌氧气。因此可以通过控制发酵液中流过的氧气来控制发酵的过程，这个过程就是今天被工业界所熟知的"巴斯德效应"。实际上，我们在腌酸菜的时候需要尽可能隔绝空气，也是利用了类似的原理[29]。

知道了美酒酸败的原因，接下来的问题就是找出解决办法了。既然葡萄酒酸败主要是因为有一些"坏"微生物吃掉酒精产生乳酸或者醋酸，那么符合逻辑的解决之道，自然是想办法从酿好的葡萄酒里把"坏"微生物去除掉。不过，这个过程可不能影响原有的葡萄酒味道，否则就是杀敌一千自损八百了。巴斯德发现，这些微生物怕热，高温能杀死它们，所以可以通过把葡萄酒加热来达到这个目的。但是，温度和时间怎么掌握呢？温度低了、时间短了，不能有效杀死这些微生物；温度太高、时间太长，又会影响葡萄酒的口感和营养成分。

实践出真知，巴斯德做了大量的实验测试，终于在1862年找到了一个合适方法：把葡萄酒加热到60℃，然后持续半个小时，这样就可以在维持原有发酵产物风味的情况下杀死绝大多数微生物，经过处理的葡萄酒可以保存很长时间且不出现

---

29 除了减少氧气促进乳酸杆菌生产乳酸，从而腌制出更好吃的酸菜，隔绝空气还能够避免影响发酵的其他细菌或霉菌进入，否则，可能会导致酸菜腐败变质或发霉。

酸败现象。这个简单有效而且易于操作的方法就是著名的"巴氏消毒"[30]，一直到现在都还广泛使用于食品和饮料生产领域。

传染病和微生物

因为在多个领域的杰出成绩，巴斯德在1862年当选为法国科学院院士。当时，欧洲大陆的养蚕业正遭受一场神秘的"胡椒病"的打击，很多家蚕身上出现像胡椒末一样的棕褐色小斑点，然后大量死亡，即使少数存活的病蚕能够结茧产卵，孵化出来的蚕宝宝也同样会染病。巴斯德以前的老师请巴斯德帮助受到重创的法国丝绸业解决这个难题。虽然对家蚕知之甚少，巴斯德还是接受了挑战。

1865年，巴斯德到达法国养蚕重镇阿拉斯，开始亲自参与调查和研究。再一次，巴斯德用到了之前研究中曾帮助他做出重大发现的工具——显微镜。在显微镜的帮助下，巴斯德注意到病蚕和病蚕吃的桑叶上都有一种很小的椭圆形棕色颗粒。一旦健康的蚕沾染上了这种小颗粒，就会立刻染病。他还发现，这种小颗粒可以通过病蚕的粪便传播给其他的健康蚕，也可以通过蚕卵传给病蚕产下的蚕宝宝。巴斯德意识到，这种小颗粒是一种微生物，就是它[31]导致了家蚕的"胡椒病"。找到致病元凶以后，巴斯德让农民把病蚕、病蚕所产的卵和病蚕吃过的桑叶统统烧掉，接着用显微镜检查健康蚕产下的卵，把含有这种小颗粒的蚕卵也全部烧掉，只使用健康蚕卵来孵化繁殖。通过从源头上阻断病原体，"胡椒病"的传播终于得到了有效控制。

巴斯德逐渐认识到传染病和微生物之间的联系，也证明了很多疾病都是由细菌、真菌等微生物引起的。不过，因为时代的限制，有一些寄生虫或病毒引起的疾

30 根据处理的食品和饮料不同，"巴氏消毒"的温度和时间也会稍作调整，比如鲜牛奶常采用65℃处理30分钟或72℃处理15秒。我们在超市冷柜里买到的保质期只有1～2周的鲜奶，就是"巴氏消毒"处理的。

31 这是一种被称为家蚕微孢子虫的真菌。

病也被他误认为是细菌导致的。但是瑕不掩瑜，巴斯德无愧是疾病细菌理论的奠基人之一。1887年由巴斯德创立的巴斯德研究所现已成为研究微生物学水平最高的科研机构之一，并在全世界多个国家设立了分支合作机构。

鉴定病原微生物的标准——科赫法则

巴斯德在建立疾病细菌理论中做出了卓越的贡献。不过在此期间，他并不是一个人在战斗，其他国家同样有很多科学家在努力开展研究，并做出了卓越的成绩。这些竞争和合作不断使疾病的细菌理论建立得更加完善。

既然大家已经知道了疾病和微生物有关，那么现在就面临一个问题：如果怀疑一个疾病可能是某种微生物导致的，应该用什么科学的手段去证明这一推测呢？这个时候，另一位伟大的科学家罗伯特·科赫和以之命名的、用来鉴定病原微生物的绝对标准——科赫法则就闪亮登场了。

科赫法则，也被称作"证病律"，是由伟大的德国科学家罗伯特·科赫提出，并以其姓氏命名的一套研究思维，主要用来建立某种传染病和相应的致病微生物之间的因果关系。在1890年问世的科赫法则，自然受到百年之前科学水平和研究方法的限制，在现代的科学体系中，科赫法则的部分内容也有所调整和修改。但是科赫法则所秉持的科学精神，以及证明病原体和疾病关系的系统性闭环策略，仍然一直沿用至今。一直到现在，科学家们还在利用130多年前提出的"科赫法则"的思想来证明某种微生物是引发特定疾病的病原体。

著名的科赫法则非常符合逻辑，也并不复杂，它一共包含4条基本准则：

1. 在所有患病对象体内必须发现同一种微生物；

2. 必须能够从患病对象体内分离这种微生物，并且在实验室中进行培养；

3. 把这种微生物接种到容易染病的健康宿主后，可以引发该宿主感染同样的疾病；

4．从这些原本健康但接种后发病的患病对象体内能够再次分离并培养出同种微生物。

图3-2：科赫法则

科赫法则的使用

罗伯特·科赫是一名德国医生，1872年开始在沃尔斯泰恩地区[32]行医。当时的

32　当时的沃尔斯泰恩就是现在波兰的沃尔什滕镇。

沃尔斯泰恩附近正在流行炭疽病，4年时间内有500多人和近6万牲畜陆续因炭疽病死亡，但却没有人知道具体的病因。为了解决这个问题，科赫在从医之余，节衣缩食地在家里建立了一个简陋的小型实验室。实验室里虽然看上去家当满满，但多数实验设备都是东拼西凑而成的简易版，连用于微生物培养的培养箱都是科赫自制的，最贵重的设备当属科赫妻子为支持他的工作而赠送的一台显微镜。在这个小乡村里，既没有大量的文献典籍可以借阅，也没有其他学者大咖能够请教，科赫只好一头扎进自己的实验室里开始了不眠不休的科学研究。

牛羊这些大动物研究起来难度太大，成本也太高，所以科赫找来小鼠、豚鼠（也被称作荷兰猪）、兔子、狗、青蛙，甚至鸟类作为实验动物，并设计了详细的方案让这些动物染病，以便更好地研究炭疽病的传播规律。经历了很多次失败之后，终于有一天，当科赫把死于炭疽病的绵羊血液注射给小鼠之后，小鼠在第二天因病死亡了。通过显微镜观察，科赫在死亡小鼠的血液、淋巴结和脾脏里发现了很多杆状的小颗粒。把第一只发病小鼠的脾脏血注射给另一只健康的小鼠，那么第二只小鼠也会发病死亡，而且第二只死亡小鼠的体内也能发现这种杆状颗粒。就这样一只一只地传播下去，科赫最终一共把这种杆状颗粒传播了50多代，感染了200多只动物，接种过的动物体内都发现了同样的杆状颗粒。

科赫经过仔细观察，还发现这些杆状颗粒的长度各不相同，有的短一点，有的长一点，有时候长的颗粒看上去好像正在经历一分为二变成两个短颗粒的过程。凭借之前受过的科学训练和在学习工作期间了解到的疾病细菌学说，科赫敏锐地意识到这些杆状颗粒就是活的细菌，它们可以吸收营养从而逐渐变长，接着通过一分为二进行分裂繁殖。光有猜测不行，科赫下决心要证明这种杆状颗粒真的是可以生长的细菌。在尝试了大量的方法之后，科赫发现：把含有这些杆状颗粒的液体滴加在兔子的眼角膜后，兔子眼睛里半透明的房水（眼睛晶状体外侧的一些液体）会变得浑浊，这说明有了微生物生长，同时也说明可以用兔子眼睛的房水来培养这种细菌。科赫利用自己制作的培养箱，通过准确地控制温度、湿度和通风（为了提供氧气），找到了这种微生物最佳的生长条件。另外，科赫还改进了显微观察的条件，以便更清晰地观察微生物。在废寝忘食地摸索条件、优化方法、反复观察之后，科赫终于确认了这种杆状颗粒就是一种细菌，现在我们称这种细菌为炭疽杆菌。

至此，科赫利用自己设立的几条准则完美地证明了炭疽杆菌就是炭疽病的致病元凶。在了解了病原体，也知道了病原体的生活习性之后，科赫建议大家把患病的动物焚烧处理或者深埋在地下，以彻底杀灭细菌或避免它扩散。当采取了上述措施之后，当地的炭疽病终于逐渐得到了控制。

就这样，利用自己提出的"科赫法则"，罗伯特·科赫第一次无可置疑地证明了特定细菌可以导致特定疾病。在此之后，科赫还取得了一系列耀眼的成就，比如发明了沿用至今的多种细菌实验技术，发现了多种疾病的病原体，并因为证明结核分枝杆菌是肺结核的病原体而获得1905年诺贝尔生理学或医学奖。为了纪念这位现代微生物学的奠基人，科赫曾工作过的研究所在1912年正式更名为罗伯特·科赫研究所，现在已经成为世界知名的微生物研究机构。

回顾巴斯德和科赫的工作经历，不难看出，他们成功的关键离不开这种严谨求证、遵循逻辑的推理方式，以及坚持不懈、一丝不苟的探索精神。这也是值得我们每个人学习的地方。

病毒的发现

在巴斯德和科赫杰出工作的引领下，微生物学终于作为一门独立的学科开始形成，并就此迈入黄金时代。在全世界科学家的共同努力下，微生物学的分支学科，以及直接或间接与微生物学相关的学科，比如细菌学、免疫学、真菌学、酿造学等，如雨后春笋般出现和发展，病毒学也在人类发现病毒之后迅速地建立发展起来。病毒是怎么被发现的呢？

自列文虎克时代开始，人们就能够借助显微镜直接看见细菌了。但是，病毒远远小于普通光学显微镜的分辨极限，所以在近半个世纪的时间里，虽然多位科学家通过各种手段已经证明了病毒的存在，也了解了病毒的组成，却一直无法"看到"病毒。直到1938年，第一台电子显微镜被发明以后，人类才终于得以一睹病毒的真颜。病毒的发现，与其说是一位天才科学家的灵光一闪，不如说是众多科学家前赴后继的接力协作。正如一支足球队通过相互配合最终取胜的过程中，场上的每一位成员都起到了重要的作用，只是最后只有一位成员飞起临门一脚命中制胜一球。现代科学研究也是如此，随着科学技术的发展，科学研究的逐步深入，重大的发现和突破往往是依赖于团队合作、基于知识积累、依靠多方交叉力量共同完成的。像几百年前那样通过一位天才的大神级科学家以一己之力独自完成多个领域的突破，已经基本上不会再出现了。

迈耶初窥病毒

自从哥伦布的船队从印第安人那里学会了吸烟，又把烟草作为"黄金叶"带回了西班牙以后，吸烟逐渐作为一种"习惯"和"时髦"的行为在欧洲大陆流传开来，烟草也就成了重要的经济作物。不过，在很长一段时间里，种植烟草的农民都饱受一种烟草疾病的困扰，很多烟草的深绿色叶片上会莫名其妙地出现浅绿色甚至焦黄色的斑纹，一旦出现这种情况，无论是烟叶的质量还是产量都受到严重影响。

1876年，就在科赫发表炭疽病研究结果的同一年，另一位德国农业化学家阿道夫·迈耶来到了荷兰中西部靠近德国边境的一个叫作瓦赫宁根的小镇，在那里刚成立不久的农业试验站担任主任。应饱受烟草病害困扰的当地农民请求，迈耶从1879年开始致力于研究当地流行的烟草叶片上长花斑的病因。因为这种病会导致烟草叶片变得花花绿绿、颜色不一，像斑驳的马赛克一样，所以迈耶给这种病害取名为烟草花叶病[33]。在大量观察、比较和实验之后，迈耶发现：烟草花叶病和植物自身没有关系，因为同一株烟草的种子在其他地方种植就不生病；与光照、营养、水分、温度、湿度等种植因素没有关系；与土壤类型也没有关系。研究似乎陷入了死胡同。

此时，科赫有关炭疽病病原体的研究成果已经在科学界引起广泛反响，细菌可以导致动物疾病的观点已经被大家所接受认可。一筹莫展的迈耶受此启发，突发妙想：植物疾病是否也与细菌有关，烟草花叶病有可能是由细菌导致的吗？于是，他把患烟草花叶病的叶片捣碎，再用玻璃毛细管把榨出的汁液注射到健康的烟草中。他惊喜地发现，这些烟草上新长出来的叶片果然都出现了花叶症状。而一旦把这些汁液加热到80℃之后再注射到健康烟草中，就不再能引发烟草花叶病了。看出来了吗？"接种到容易染病的健康宿主后，可以引发该宿主感染同样的疾病"，这不正好满足了科赫法则的第三准则吗？而80℃加热处理十分接近"巴氏消毒"的处理条件，这不正是用来杀灭微生物的标准操作吗？结合这两个实验结果，迈耶认为，烟草花叶病是一种由"细菌"引发的植物传染病。为了满足科赫法则的第一准则，也就是"在所有患病对象体内必须发现同一种微生物"，迈耶用显微镜仔细地观察染病的植物，希望能找到这种"细菌"。为了能满足科赫法则的第二准则，"必须能够从患病对象体内分离这种微生物，并且在实验室中进行培养"，他用尽办法去培养引发烟草花叶病的"细菌"。但是事与愿违，迈耶的种种后续努力都没有成功，这种"细菌"既看不到又养不出。在苦苦追寻而不得其踪的情况下，心灰意冷的迈耶在1882年把他的研究结果发表在一个不知名杂志上，并且认为烟草花叶病的病原体是一种"可溶的、像酶[34]一样的感染性物质"，这其实已经非常接近真实

33　植物的花叶病英文名为mosaic disease，意思是马赛克病，指叶片上部分区域因组织坏死变色而引起的花斑。

34　酶是可以像催化剂一样高效介导特定生物反应的特殊蛋白质。

情况了。不过很可惜，在1886年发表的另一篇文章里，迈耶受到细菌学说的影响，放弃了他的原有观点，转而认为烟草花叶病的病原体是"一种不知道名字的细菌"。

尽管迈耶没有成功鉴定出烟草花叶病的病原体，但是他成功地证明了烟草花叶病是由某种神秘微生物引起的植物传染病，就此开启了长达百年、延续至今的烟草花叶病病原体的研究进程。

伊万诺夫斯基与发现病毒擦肩而过

几年之后，在俄罗斯圣彼得堡大学，一位年轻的植物学家德米特里·伊万诺夫斯基重复了迈耶的实验，并得到了类似的结果，因此他也得出了和迈耶类似的结论：烟草花叶病是由某种微生物导致的植物传染病。然而，伊万诺夫斯基并没有止步于此。

1884年，法国微生物学家查理斯·尚柏朗和巴斯德合作发明了一种使用陶瓷柱作为滤芯的过滤器。陶瓷本身存在很多直径在0.1 ~ 1微米的小孔，这正好小于绝大多数细菌的尺寸。因此，当使用这种过滤器过滤液体时，细菌或比细菌大的颗粒全部被阻隔在滤芯上面，只有液体或者小于细菌的颗粒才能穿透滤芯，因此这种以发明者姓氏命名的巴斯德—尚柏朗过滤器也被称为细菌过滤器。

伊万诺夫斯基把从患烟草花叶病叶片榨出的汁液用细菌过滤器处理了一遍，然后再用过滤后的汁液再去感染健康的烟草叶片。如果烟草花叶病的病原体是细菌的话，那么它就会被过滤器所阻隔，而不会存在于穿过过滤器的滤液中，那么被滤液处理的烟草应该不会生病才对。然而，令人大跌眼镜的结果出现了，细菌过滤器处理之后的滤液居然还能够引发烟草花叶病。这个实验结果正说明导致烟草花叶病的病原体应该不是细菌，而是比细菌更小的微生物。

但是很可惜，伊万诺夫斯基盲目相信细菌致病学说，认定了烟草花叶病一定是由细菌引起的，所以对亲自得出的实验结果百思不得其解。他先是坚信过滤器坏了，所以烟草花叶病致病"细菌"也漏过了过滤器，导致过滤后的汁液还能感染；后来又认为可能是"细菌"产生的"毒素"穿过了过滤器导致了烟草花叶病。他甚至还在实验室里继续苦苦尝试培养这个致病"细菌"，但很可惜，万般努力都没有结果。失望之余，伊万诺夫斯基只好把这些工作写成了一篇名为《关于烟草花叶病》的论文，并在1892年向俄罗斯圣彼得堡科学院介绍了他的研究发现。

有很多人认为伊万诺夫斯基第一个发现了能被细菌过滤器滤过的病原微生物，应该被当作病毒的发现者。我们应该正视和承认伊万诺夫斯基在病毒发现过程中做出的贡献，但同时也应该认识到，他毕竟没有射出发现病毒的临门一脚。多可惜啊！年轻的伊万诺夫斯基距离真正的突破只有一步之遥，但是因为墨守成规，不敢挑战前辈的"经典"观点，从而和病毒的发现失之交臂。这不就是中国古人所说的"尽信书不如无书"吗？

贝杰林克终于提出了"病毒"概念

初窥病毒的迈耶有一名好朋友，他就是荷兰科学家马丁乌斯·贝杰林克。迈耶在研究烟草花叶病的时候，曾向贝杰林克展示了很多实验结果，也经常和他一起讨论研究中遇到的问题，贝杰林克本人也参与了不少实验工作。在两人的讨论和合作中，贝杰林克了解了很多关于烟草花叶病研究的信息。1895年，贝杰林克来到荷兰代尔夫特理工学院担任细菌学教授。两年后，这所学校新建立了细菌实验室和植物温室，贝杰林克立刻重新开始了之前因没有结果而暂时搁置的烟草花叶病研究。和伊万诺夫斯基一样，贝杰林克也发现了穿过细菌过滤器的病叶汁液还能引起植物发病，也一样没能利用光学显微镜观察到可能的病原体。同样的困惑也摆在了贝杰林克的面前：这真的是一种"细菌"吗？

和伊万诺夫斯基不同，疑惑的贝杰林克并没有墨守成规地用细菌理论去限制自己的思维，他用更加理性的方式去思考这个问题，用更加巧妙的实验去证明自己的设想。

首先，烟草花叶病的病原体有没有可能是没有生命的化学物质，比如毒素之类？为了解答这个问题，贝杰林克把穿过过滤器的病叶滤液进行了大量稀释，再用它去感染烟草：因为毒素等化学物质不能增殖，所以稀释后的滤液引发的烟草花叶病程度应该更轻，被感染的植物数量也应该更少才对。实验结果表明，稀释后的滤液和没有稀释的滤液对植物的感染程度没有多大差别。这证明了致病因子不是无生命的化学物质，而是可以增殖复制的微生物。

其次，病原体有没有可能是一种极小的能穿过过滤器的细菌呢？虽然之前在实验室里培养这种"细菌"的实验都没有成功，但是贝杰林克另辟蹊径。他想，假如病原体真的是细菌，那么如果把病叶的滤液和健康叶子的汁液混合在一起，在合适的条件下进行培养，那么这些"细菌"应该能够在健康烟草叶子的汁液里生长增殖，所以经过一段时间以后混合物里的"细菌"应该会生长从而变得更多；而如果把病叶滤液和蒸馏水混合的话，因为没有合适的营养，混合物里的"细菌"就不会变多。因此当把不同的混合汁液注射给健康植物的时候，更多的"细菌"应该会有更强的感染能力，植物应该发病更快，病症更严重。结果表明，两种混合物的感染能力和致病能力都差不多，表明病原体没有在健康烟叶的汁液里增殖。与预期不相符合的实验结果推翻了这个假设，烟草花叶病的病原体并不是一种细菌。

最后，贝杰林克还通过实验研究了烟草花叶病病原体的其他特性，并把所有的研究结果写成论文在1898年发表出来。在论文里，贝杰林克提出了"病毒"这个具有划时代意义的重要名称和同样重要的概念。"病毒"的英文名称virus[35]最早源自拉丁语，意思是"黏稠的液体"或者"毒素"。但是，贝杰林克给"virus"这个词赋予了一个新的定义，就是"具有活性的可滤过感染性物质"。根据他的研究结论，"病毒"包含3个特性：第一，有感染能力；第二，能在生命体内生长，但是不能在体外增殖（现在我们知道应该是不能在细胞外增殖）；第三，能够穿过细菌过滤

---

35 不仅是英语，德语、法语、荷兰语、西班牙语、意大利语等多种语言里都用virus描述病毒。

器。显然，贝杰林克已经认识到了病毒是一种完全不同于细菌的新的生命形式。

贝杰林克不仅提出了病毒这个名字，还为它赋予了真正与病毒有关的内涵。仿佛石破天惊的一声春雷，微观世界里另一个从未被人类踏足的领域缓缓进入了人类的视野里。

病毒究竟是液体还是颗粒？

洛夫勒和弗罗施认为病毒是颗粒（正确观点）

在贝杰林克重启烟草花叶病病原体研究的同时，德国的弗里德里希·洛夫勒和保罗·弗罗施在柏林传染病研究所[36]开始寻找口蹄疫病原体的工作。口蹄疫是一种发生在牛、羊、猪等动物间的急性传染病，生病的动物会在口腔、蹄部和乳房出现水疱并且溃烂，严重的会导致死亡，对畜牧业影响很大。洛夫勒曾经是科赫的助手，在和科赫一起工作的过程中，不仅曾经发现了多种新的病原细菌，也积累了丰富的细菌学研究经验。洛夫勒和弗罗施没办法利用光学显微镜找到口蹄疫的病原体，也不能用培养细菌的方法把这种病原体培养出来。最重要的是，这种病原体可以穿过细菌过滤器，表明它不是一种细菌；即使被稀释也不会严重影响病原体的感染能力，表明它不是一种毒素。看出来了吗？这些结果正和伊万诺夫斯基和贝杰林克在研究烟草花叶病病原体时的实验结果类似。

就在贝杰林克提出病毒概念的同一年（1898年），洛夫勒和弗罗施也发表论文详细报道了他们的实验过程和结果，并且表明了自己的看法：口蹄疫的病原体是一种能够穿过细菌过滤器的极小的生物体。他们还认为，除了口蹄疫以外，科学家苦苦搜索病原体而无果的、许多影响人和动物的传染病，比如天花、牛痘、麻疹和牛瘟等，也都是这种"极小的生物体"引起的。经过百年的科学发展，现在人们已经

---

36 也就是后来的罗伯特·科赫研究所。

知道了，这些疾病的致病元凶的确都是病毒。不过，洛夫勒和弗罗施在一个多世纪以前，在看不到、养不出、证不明的情况下，就能依靠惊人的洞察力做出这些预测和判断，着实了不起！

贝杰林克认为病毒是液体（错误观点）

正在研究烟草花叶病病原体的贝杰林克看到了洛夫勒和弗罗施的文章，惊奇地发现里面很多实验结果和自己提出的病毒概念非常类似。不过，贝杰林克不同意病毒是极小的生物体颗粒这种观点，而是认定病毒是一种液体。贝杰林克提出病毒是一种"具有活性的可滤过感染性物质"，他当时用的"物质"一词是"fluidum"，实际就是指"流质"，也就是液体的意思。

不过口说无凭，科学家之间的观点之争可不是小孩子拌嘴，一定需要实验结果来支持自己的观点。为了证明病毒的"液体"属性，贝杰林克也得做实验靠结果来说话。大家一定都见过海绵吧，如果把一些水滴在海绵上，水可以沿着海绵的小孔迅速地渗入海绵内部，还会沿着各个方向扩散开去；如果向海绵上撒一把沙子，颗粒状的沙子自然不会渗入和扩散进入海绵，而是会老老实实地待在原来的地方。利用类似的原理，贝杰林克设计了一个实验来验证病毒是"液体"还是"颗粒"。

贝杰林克准备了一些琼脂[37]制成的"果冻"。如果放大看，这种"果冻"的内部就像海绵一样，有纵横交错的网格和很多相互连通的孔隙，只不过"果冻"里的网格和孔隙都非常小，比沙粒（甚至细菌）还小的颗粒都不能进入，但液体还是可以渗透进去的。贝杰林克把烟草花叶病病叶的滤液滴加在了这些"果冻"上。想想看，如果"病毒"是颗粒的话，那么应该就像在海绵上的沙粒一样，不能扩散。这时候如果把远离滴加滤液处的"果冻"切下来，里边不应该含有病毒，也就不能导

---

37 琼脂是从一种被称为洋菜的海藻里提取出来的胶体物质，可以制作果冻等食物，也可作为细菌培养基的基质。

致烟草得病。贝杰林克观察到了正好相反的实验结果，远离滴加滤液处的"果冻"仍能使植物发病。基于这个实验结果，贝杰林克坚信，烟草花叶病的病原体，也就是"病毒"，不是颗粒状，而应该是一种液体。

我们现在当然知道这个结论并不正确。但是当时贝杰林克之所以做出病毒是"液体"的结论，完全是基于实验的结果，通过逻辑的推理所做出的判断，看上去没什么问题啊。那么问题究竟出在哪里呢？

正确的实验和实验结果，显然可以帮助我们得出正确的结论。不过，贝杰林克的实验过程真的无懈可击吗？

伊万诺夫斯基支持病毒是颗粒（正确观点）

远在俄罗斯的伊万诺夫斯基也看到了贝杰林克的文章。一方面，他有点生气，因为他觉得自己早在1892年就已经发表文章说明了烟草花叶病病原体可以穿过细菌过滤器，他才应该是"病毒"的发现者（很多学者也有类似的看法）；另一方面，他并不同意贝杰林克关于病毒是液体的说法，和洛夫勒和弗罗施一样，伊万诺夫斯基认为病毒应该是微小的生物颗粒。

伊万诺夫斯基重新进行了贝杰林克的"果冻"实验，并且使用墨水进行测试。墨水虽然看起来像是黑乎乎的液体，但实际上里面是由非常细小的黑色颗粒形成，如果让墨水通过很精密的过滤器，黑色颗粒就会被过滤掉，就能重新得到一杯清澈透明的清水[38]。

伊万诺夫斯基发现，如果把墨水滴加在新鲜制作的琼脂"果冻"上，墨水的黑色颗粒并不会渗透进入"果冻"也不会扩散；但是当把墨水滴加在放了几天以后的"过期果冻"上时，就能看见墨水微粒逐渐渗透扩散开来。为什么会这样呢？

主要问题就出在"果冻"上。想象一下雨水充沛的肥沃土地和干旱情况下的开裂

38　自来水在净化过程中，就用到了这种方法去除水里不可溶的颗粒物。

土地就能够理解其中的原因了。新鲜的"果冻"就像肥沃湿润的土地一样，虽然有很多缝隙但是微小和均匀，如果我们拿一把玻璃球倒在地面上，这些颗粒状的玻璃球自然都会停留在地面，不容易渗透和扩散。但是暴晒了几个月以后，干旱的大地裂开了一道道的口子，同样的一把玻璃球掉落地面后，玻璃球就会沿着深深浅浅的沟壑"钻"进地下。与之类似，新鲜的"果冻"含有很多水分，里面的孔隙比较小，颗粒物质自然不容易渗透和扩散；存放了几天以后，"果冻"里的水分蒸发了，"过期果冻"里就会出现很多较大的裂纹，这时候颗粒物质就可以渗入其中并且扩散开来了。

发现了这个问题之后，伊万诺夫斯基用新鲜"果冻"重新做了实验，这次的结果可就和贝杰林克的不同了。原来病叶滤液并不能在新鲜的"果冻"里扩散，表明病毒果然是一种微小的颗粒，而不是可以任意流动的液体。

争论持续了几十年

科学家们用各自的不同实验得出了不同的结论，产生了不同的观点。但是受到当时科技水平的限制，没有人能设计出非常有说服力的实验来充分地支持自己的观点，所以谁也说服不了谁。就这样把病毒是微小颗粒还是流动液体的争论一路带进了20世纪。

在接下来的时间里，越来越多的科学家开始投身到病毒这个充满未知的全新科学领域，并尝试用各种方法贡献自己的力量。科学发展就是这样，很多时候看似关键的突破，是建立在众多前人一点一滴的分享、传承和积累的知识之上。

阿拉德证明病毒是颗粒

进入20世纪之后，随着美国经济水平和科技水平逐渐崛起，烟草花叶病毒的研究主战场也转移到了美国。

1916年，美国科学家哈利·阿拉德换用了一种用云母做成的过滤器来进行实验，发现过滤后的病叶汁液不再具有感染能力。云母是一种常见的矿物质，用它制成的过滤器具有很强的吸附性，可以把很小的颗粒都吸附住，但对于纯粹的液体却没有作用。这个实验非常明确地证明了，烟草花叶病毒并不是可以从任意大小孔洞中穿行的液体，而是具有一定大小的微小颗粒，只不过这个微粒大小可以穿过陶瓷滤芯的细菌过滤器罢了。

阿拉德还发现，在接触到高浓度（约70%）的酒精后，病毒就不能再引发烟草花叶病，说明它们被"杀死"了；而中浓度（45% ~ 50%）的酒精（差不多就是中度白酒的酒精浓度）可以使病毒聚集在一起从病叶汁液中沉淀下来，但同时仍然保存着致病能力。看到这里，我们应该理解了，正确的消毒方式应该采用70%的酒精，用白酒消毒对病毒并没有什么效果，靠喝酒来消灭体内的病毒就更是痴人说梦了。

杜加尔首次测量病毒颗粒大小

既然烟草花叶病毒是颗粒状的，而且可以通过细菌过滤器，那它一定小于细菌过滤器的孔径0.1微米，可它究竟有多大呢？

假如没有精确的尺子，那应该怎么大致测算一个物体的大小呢？可以让这个物体穿过一系列不同大小的孔洞，看看多大的孔洞正好能让它通过，而多大的孔洞可以正好挡住它。1921年，美国著名的植物学家本杰明·杜加尔就采用了类似的方法测量了烟草花叶病毒大小。他用了几种孔径不同的过滤器来过滤烟草花叶病的病叶汁液，然后分别用这些滤液感染健康植物，看看究竟哪些孔径过滤器的滤液仍有感染力，而哪些过滤器则可以完全阻隔病毒。经过实验，杜加尔发现烟草花叶病毒的直径是30纳米左右，这个尺寸的确远远小于一般的细菌，难怪可以穿过细菌过滤器。就这样，杜加尔成了第一位相对准确地测算病毒大小的科学家，虽然他的测算结果并不是非常精确，但已经很接近真实情况[39]。考虑到当时的研究设备较为粗糙，

39　实际大小约为18纳米粗，300纳米长。

杜加尔的实验技巧和研究工作可以说相当棒了!

杜加尔还通过精细的实验和缜密的思考,推测出了一个令人吃惊的可能性。杜加尔利用酒精把病叶汁液中的病毒沉淀下来,然后放进了玛瑙制成的研钵中研磨。这个过程有点像中国古代神话传说中的玉兔捣药,只不过装药的药钵和药杵都是用磨得非常光滑的玛瑙制成,可以磨碎非常细小的颗粒。一般的细菌很快就会被磨碎,即使最强悍的也撑不过3个小时的研磨。但是出乎意料的是,病毒被磨了9个小时以后居然还能让健康植物发病。杜加尔对这个结果感到非常惊讶,但经过仔细的分析和思考,他找出了一个合理解释:细菌之所以很快就失去了活性,是因为其细胞结构较大,而且也比较脆弱,所以很容易就被磨"死"了;而病毒之所以可以耐受住长时间研磨,很可能是因为它没有娇弱的细胞结构,所以不容易被研磨所破坏。1923年,杜加尔发表论文正式介绍了自己的观点:烟草花叶病的病原体,也就是"病毒",是一种能够自我复制的非常微小的颗粒。这种颗粒和细菌不同,很可能根本没有细胞结构,而是以某种能够传递遗传信息的形式和结构存在的,就好像基因颗粒或者染色体颗粒那样。这个结论已经非常非常接近真实情况了。

多项发现推动病毒研究发展

随着科学家们对病毒研究的逐步推进,接二连三地涌现了多项关键发现。

1927年,哈洛德·麦金尼建立了利用离心技术分离植物病毒的方法,通过每分钟高达5万转的高速离心,把病毒这种微小的颗粒甩到试管最下方形成沉淀。

1928年,当时并不多见的女科学家海伦·贝亚勒把烟草花叶病毒注射进兔子体内,虽然兔子没有生病,但是却产生了针对病毒的抗体(下文会提到什么是抗体),所以贝亚勒推断病毒是由蛋白质构成的。

1929年,弗朗西斯·霍姆斯发现病毒有时候在烟草叶子上引起的花斑是一块一块的,他认为很可能每一块花斑都是一个病毒颗粒感染局部的细胞所形成的,那么通过计算花斑的数量，就可以估算出病毒颗粒的数量。利用这个原理，霍姆斯开发出了检测烟草花叶病毒数量的科学方法。

1931 年，卡尔·文森发现病毒可以被一些有机试剂沉淀下来，而去除有机试剂后感染能力还能够被恢复，这再次证明了病毒不是结构复杂、功能繁多的娇弱细胞体，而更可能是由一些简单的化学物质构成。这再次印证了杜加尔的结论。

病毒长什么样？

科学家们的工作就好像足球比赛中的几个球员通过互相配合，一步步把球传向球门，就等待着合适的机会来临。那么，究竟是谁踢出最后的临门一脚，一球命中，真正打开病毒世界的大门呢？

斯坦利分离纯化病毒

现在，终于是时候让我们正式请出下一位科学家，他在病毒发现过程中做出了里程碑式的工作，他就是美国科学家温德尔·斯坦利。

1931 年，拿到了化学博士学位并完成博士后训练的斯坦利进入了洛克菲勒研究所担任研究助理，开始利用化学手段进行烟草花叶病毒的研究工作。以前有关烟草花叶病毒的研究，使用的都是病叶榨出来的汁液，这里面除了病毒以外还含有来自植物的很多其他成分，太杂乱和复杂了，用这种汁液很难对病毒进行细致的研究。之前也有一些科学家尝试用各种方法对病毒进行提纯，但都没有成功。之前的失败案例没有吓退斯坦利，他决定向这个难题发起挑战。

斯坦利虽然没有知难而退，但也没有贸然行动。首先，斯坦利再次仔细研究了病毒的特性。有一种被称为蛋白酶的特殊蛋白质可以像剪刀一样，剪碎其他的蛋白质使它们被分解。斯坦利发现，如果使用蛋白酶去处理烟草花叶病毒，可以在很短的时间里就彻底消除病毒的感染能力，这表明病毒被蛋白酶破坏了，那么显然病毒也是一种蛋白质，这和前人的很多结论吻合。这个实验无可争议地证明了病毒具有蛋白质的特性。

谋定而后动，在明确了病毒的特性之后，斯坦利开始认真研究可行的方案。

1926年，美国化学家詹姆斯·萨姆纳首次成功纯化了一种叫作脲酶的蛋白质，证明了蛋白质是可以被结晶纯化的；1930年，斯坦利隔壁实验室的同事、化学家约翰·诺思罗普，又用类似的方法成功地纯化了蛋白酶等多种蛋白质[40]。斯坦利认为，既然病毒具有蛋白质的特性，那么结晶纯化蛋白质的方法一定也可以用来纯化病毒。

为了获得足够的可供纯化的病毒来源，斯坦利找来了一吨患烟草花叶病的病叶，把它们磨成了浓稠的汁液，然后经过复杂的化学方法一步步去除了其中的杂质，最后终于获得了像细针一样的烟草花叶病毒晶体。由于每一次处理过程在去除杂质以外，也造成了实验材料的损耗，斯坦利最终从这一吨烟草叶子的汁液里只得到了一小勺病毒晶体。斯坦利视若珍宝地把这一点晶体装在了一个瓶子里，并郑重地贴上了标签，注明"烟草花叶病毒晶体"。但是，这些针状晶体究竟是不是烟草花叶病毒的真身呢？斯坦利试着把一点晶体重新溶解之后再去感染健康的烟草，实验结果让他长舒了一口气，溶解了的晶体仍然具有感染性。

随着这些研究结果在1935年正式发表，斯坦利终于为病毒研究的工作点亮了一盏明灯。在这之前，有科学家把病毒研究的状态形象地比喻为"在黑暗的地窖里寻找一只不确定是否存在的黑猫"[41]。而在这之后，病毒学家终于可以研究"看得见摸得着"的病毒实体了。作为病毒学发展史上重要事件的见证，这个当年装有烟草花叶病毒晶体的瓶子至今还保存在美国加州大学的斯坦利实验室中。

---

40 斯坦利之前用来证明病毒蛋白特性的蛋白酶就是由诺思罗普提供的。

41 类似于我们说的"盲人骑瞎马"。

由于在分离、纯化和结晶烟草花叶病毒方面的贡献，斯坦利与诺思罗普（酶和病毒蛋白的结晶纯化）以及萨姆纳（发现了酶可以被结晶纯化并且首次纯化脲酶）共同获得了1946年诺贝尔化学奖，这也是病毒学研究领域的第一个诺贝尔奖。

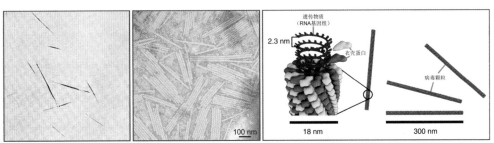

斯坦利观察到的病毒结晶　　烟草花叶病毒电镜照片　　烟草花叶病毒结构示意图

图3-3：烟草花叶病毒

病毒的其他组分

斯坦利利用蛋白酶证明了烟草花叶病毒的蛋白质特性，并通过结晶纯化获得了病毒晶体。那么除了蛋白质以外，病毒还有没有其他成分呢？

蛋白质由很多种元素构成，其中含量最多的是碳（50%）、氧（23%）、氮（16%）、氢（7%）、硫（0～3%），此外还可能有极少量的磷铁碘锌铜等微量元素。因为蛋白质中的氮元素含量相对稳定，不同蛋白质平均含氮量为16%，所以常常据此推测食物或样品中的蛋白质含量。

1936年，英国科学家弗雷德里克·鲍登和诺曼·皮里合作检测了烟草花叶病毒晶体中的各种元素含量，发现含氮量为16.7%，略大于常见蛋白质的含氮量；含磷量为0.5%，远大于蛋白质的平均含磷量；此外还检测到2.5%的"糖分"[42]。根据这些测定的数据，鲍登和皮里认为病毒并不仅仅由蛋白质构成，还存在其他成分。经过了深入的研究之后，他们在1936年得出结论，烟草花叶病毒是由94%的蛋白质和

---

42 注意，这里说的糖分可不是咱们平时吃的白糖或者奶糖，而是一类化合物的统称，主要由碳氢氧三种元素组成，因此也被称为碳水化合物。

6%的RNA构成。他们还推测烟草花叶病毒的真身是一种呈杆状的微小颗粒。

真相就是如此吗？请大家屏住呼吸，烟草花叶病毒的真面目即将揭晓。

得见病毒真容

人类想要直接"看"到一个东西，离不开光的帮助。长久以来，人类都是使用自然光作为光源去"看"世间万物。光线照射到物体上，再反射到我们的眼睛里，我们就"看"见了这个物体。用显微镜观察微小物体同样离不开光：观察对象反射的光线通过巧妙设计的透镜发生折射再进入我们的眼睛，物体的影像看起来就被放大了。因此这种显微镜也被称作光学显微镜。不过，光学显微镜能分辨的最小物体有一定限度，这受到光线波长[43]的限制：利用波长越短的光，可以清晰分辨的尺寸就越小。就像是用一把有刻度的尺去测量物体时，刻度越小，能测量的物体越小。假如用一把刻度为1厘米的尺去测量1毫米的物体，那自然测不准。同样的道理，光学显微镜的分辨极限一般是可见光最小波长的一半，也就是200纳米左右。如果勉强用光学显微镜去看更小的东西，就会看到模糊一团。杜加尔的研究估算出烟草花叶病毒的直径是30纳米左右，显然无法直接用普通光学显微镜看到，那应该怎么让它现形呢？

大家可能会想，既然显微镜的分辨率和光线波长有关，那么如果能使用波长更小的光，不就能看清楚更小的物体了吗？这个想法太棒了，你已经具有科学家的思维方式了！

利用一种特殊的"光"——电子作为光源，科学家们制成了电子显微镜，成功地把分辨率的极限提升到了0.1纳米[44]。如果这样介绍太不直观，我们也可以理解成，普通显微镜最多可以把物体放大2000倍，而电子显微镜则能把物体放大几十万倍。

---

43 光具有波粒二象性。光作为波的时候，不同波长就体现为红橙黄绿青蓝紫的不同颜色。一般来讲，可见光的波长范围是400～800纳米。

44 目前最精细的电子显微镜可以看清楚大约0.05纳米的东西。

电子显微镜的问世，第一次让病毒的真面目呈现在人类面前，极大地促进了病毒学的研究。

经过众多科学家长达十多年的努力，电子显微镜的原型机终于在1931年问世[45]。半个世纪后，德国科学家恩斯特·鲁斯卡作为电子显微镜技术的先驱者和推动者，也是首台电子显微镜的发明者，和另外两位科学家[46]共同获得了1986年诺贝尔物理学奖。恩斯特·鲁斯卡曾发表过这样的评论："光学显微镜打开了微观世界的第一道大门，而电子显微镜则打开了微观世界的第二道大门。"

现在既然有了打开微观世界第二道大门的电子显微镜，科学家能够用它做些什么呢？对于恩斯特·鲁斯卡的弟弟赫尔穆特·鲁斯卡来讲，这个问题的答案是一目了然的。在他的哥哥发明显微镜之初，赫尔穆特就坚信电子显微镜会在医学研究中起到非常重要的作用，在积极推动电子显微镜商业化生产的同时，赫尔穆特和他的同事开始利用电子显微镜观察各种各样的生物样本。

1939年，在德国科学家古斯塔夫·考舍、埃德加·普凡库赫和赫尔穆特·鲁斯卡的共同努力和合作下，在强有力的电子显微镜的帮助之下，烟草花叶病毒的真身第一次显示在人类的面前。原来，困扰了科学家长达半个多世纪（1882—1939年）的烟草花叶病毒果然像之前所预测的那样，是一种长杆状的微小颗粒，长杆的直径约18纳米，长度约300纳米。怀着激动的心情，考舍拍下了第一张烟草花叶病毒的照片，永远地记录下了这一重要的历史时刻。

自贝杰林克1898年使用"病毒"一词特指滤过性病原体以来，科学家们耗费了大量的精力和时间来研究烟草花叶病毒，终于在半个世纪后得见真身。在真正利用电子显微镜看到病毒之前，科学家们的研究一直处于盲人摸象的状态，但是随着科学家们在这项工作上倾注自己的智慧和努力，每一位科学家都在前人的基础上把

---

45 电子显微镜原型问世后又经过了长期的优化改进，直到1938年才开始批量生产。

46 格尔德·宾尼希和海因里希·罗雷尔发明了另一种电子显微镜——扫描隧道显微镜。

病毒研究向前推进一步。把大家的观点有机地结合起来，并通过严谨的科学思维去芜存菁之后，科学家们就已经基本准确地构建出烟草花叶病毒的形象和特性了，而电子显微镜的出现最终印证了人们之前的一切预测。在这段发现之旅中，虽然也有一些错误的结论，也有一些因循守旧的观点，但是理不辩不明，科学研究正是在不断地尝试—失败—试错—辩论的循环过程中，一步一步揭开真相，一步一步接近真理。虽然最后只有少数科学家凭借他们的突破性成果获得了诺贝尔奖，也只有少部分科学家的名字与科学研究的高光时刻紧紧地绑定在一起，并常常被人提起，但是我们同样应该承认并且肯定其他科学家在这一过程中所做出的努力和贡献。

其他重要病毒的发现

第一个被发现的能感染人类的病毒——黄热病毒

洛夫勒和弗罗施在1898年通过论文表明：导致口蹄疫的是一种"滤过性病原体"，也就是病毒，这一观点随后得到了证实。这种病毒被称为口蹄疫病毒，这是第一个被人类发现的动物病毒。同样属于动物的人类，当然也逃不脱病毒的感染，那么能感染人类的病毒是怎样被发现的呢？

自哥伦布大航海时代起，一种恐怖的传染病就随着海上贸易，借助交通运输和人员流动，从热带地区一步步传遍了美国热带城市、北美沿海城市和欧洲很多国家，所到之处留下了一长串坟墓。患病的人会发烧、头疼，浑身肌肉酸疼、没有力气，严重的还会全身发黄，呕出黑血，最后昏迷死亡。因为病人全身发黄并且出现发烧症状，这种疾病被称为"黄热病"。

1881年，古巴的医生卡洛斯·芬莱注意到这种疾病总是发生在蚊虫众多的热带，而且发病高峰总出现在蚊子最活跃的时期，所以他推测黄热病可能是蚊子导致的。19年后（1900年），美国和西班牙在古巴打仗期间又暴发了黄热病，死于黄热病的美军人数居然是死于战争的13倍之多。为了解决这个问题，美国政府指派军医瓦尔特·里德和同事们一起前往古巴调查黄热病的病因。受到芬莱推测的启发，里德饲养了很多蚊子去叮咬黄热病患者和健康的志愿者，并且在1901年成功地证明了蚊子[47]可以引发黄热病。里德还有一个重要的发现：蚊子并不直接引发疾病，它只是疾病的"搬运工"，负责把黄热病从一个人传播到另一个人，而真凶的身份是病人血液里的一种不同于细菌的"滤过性病原体"。瞧，又是一个"不同于细菌的'滤过性病原体'"，现在大家一定都知道了，这不就是病毒吗？

里德没能找出导致黄热病的病毒，但他却另辟蹊径，找出了控制黄热病疫情的手段。坏蛋的帮凶也是坏蛋，如果能够把传播疾病的蚊子消灭掉，不就可以阻断疾病在人群之中大肆传播了吗？顺着这个思路，通过轰轰烈烈的灭蚊运动和防蚊避蚊措施，当地的疫情很快得到控制，而后续多起黄热病疫情也利用相同方案得以平息。

不过，通过灭蚊防治疾病毕竟是治标不治本的手段，真正有效地预防黄热病，还要等到35年以后黄热病疫苗的发明。不过，这就是另一个故事了。

一种特殊的病毒——噬菌体

就在伊万诺夫斯基努力研究烟草花叶病毒的时候，在印度恒河沿岸，当地居民正遭受一种被称为霍乱[48]的细菌传染病的侵扰。正在当地的欧洲细菌学家厄内斯特·汉金注意到一个奇怪的现象，恒河的卫生情况远远不如欧洲，但是恒河两岸的霍乱疫情却没欧洲疫情那么严重。虽然零零散散的疫情偶尔会像星星之火一样在恒

47　确切地说是埃及伊蚊，它的近亲亚洲伊蚊（我们常说的花蚊子）也能传播很多病毒性传染病。

48　霍乱是由一种叫作霍乱弧菌的细菌所引发的急性传染病，被感染的人会严重腹泻，有时甚至会在几小时内脱水死亡。病人在腹泻过程中，大量霍乱弧菌会通过粪便排出体外，处理不当的话会导致水源被污染。所以如果没有清洁水源或者合理的灭菌措施，霍乱有可能大规模暴发从而造成严重疫情。由于霍乱超强的传播能力和危害性，它成为我国目前仅有的两种法定甲类报告传染病之一（另一种是鼠疫）。

河流域暴发，但是很快就会熄灭，而不是像野火一样迅速蔓延开来。通过研究，汉金在1896年发表文章认为恒河之水具有某种抑制霍乱弧菌的特性。当把恒河水用细菌过滤器过滤之后，滤过物仍然具有抑菌的效果；但是一旦把水加热，这种特性就消失了。仔细想想看，这又是一种"具有活性的可滤过感染性物质"，这和病毒非常类似。现在回过头想想看，恒河水里的这种可以抑制霍乱弧菌的"具有活性的可滤过感染性物质"，显然就是我们现在所说的噬菌体。但可惜的是，虽然汉金是一名英国细菌学家，却把这篇文章用法语发表在《巴斯德研究所年鉴》上。可能是因为语言的原因，导致读者受众相对较小，所以并没有引起太多关注。这么看来，使用国际通用的交流语言（现阶段是英语，希望以后能成为中文）对于科学研究来讲是多么重要的一件事啊！

在接下来的20年里，细菌学研究日益繁荣昌盛，而病毒学研究也逐渐起步。当时，英国科学家弗雷德里克·特沃特坚信病毒可以像细菌一样在体外没有细胞的情况下被培养出来，所以一直坚持尝试用科赫发明的平板培养技术在实验室里培养牛痘病毒。这种平板是一个圆形的扁平容器，里面装有添加了各种营养物质的琼脂制成的"果冻"，这些营养"果冻"一般用作细菌培养的基质，所以被称为培养基。一旦细菌在上面繁殖生长，就会在原本透明的培养基平板上呈现一个个细菌形成的菌落"据点"，量大的时候还会形成一层浑浊的菌苔。我们现在知道了病毒是不能在没有细胞的情况下复制生长的，所以特沃特自然一直没有取得成功，病毒始终没有长出来，但是细菌倒是经常不请自来地生长在培养基上。看上去，特沃特的尝试好像完全失败了！

不过，机遇往往就潜伏在无数次的失败之中，而只有善于观察的人才能从失败中发现成功的契机。

特沃特注意到一些神秘的现象：有些时候在浑浊的、密布细菌的平板上，会出现一个个小小的透明圈。就好像在用沾满细菌的画笔涂抹平板时，漏掉了一个小区域。虽然特沃特因为病毒培养失败非常沮丧，但他并没有失去好奇心。他转而研究这种奇怪的"玻璃状透明斑点"到底是怎么回事。经过一段时间的努力研究，特沃特发现：在这个透明圈外的细菌都生活得好好的，而这个圈里的细胞都死亡了，不能再继续通过生长增殖覆盖平板使其浑浊，所以才显得透明。更神奇的是，这种透明圈居然是可以传染的：一旦把透明圈里的东西挑到长有细菌的其他地方，就会让原本浑浊的区域长出新的透明圈，表明这里的细菌也同样都被杀死了。即使把透明圈里的东西稀释很多倍，这种传染能力仍然存在。而且这种传染性还可以透过细菌过滤器。看，事情越来越明显了，我们之前介绍过的各种病毒不都是这样的吗？还有一点有趣的现象，透明圈的传染性好像只针对某一种细菌才有作用，如果把透明圈里的东西挑到其他不同种类的细菌上，什么都不会发生。特沃特在1915年发表文章介绍了他的发现，不过他虽然怀疑过透明圈里的有传染性、能通过细菌过滤器、可以杀死细菌的这种东西是某种病毒，但似乎更倾向于认为这是细菌自己出于某种不明原因产生的一种蛋白质（或者说酶）。

就在特沃特报道上述发现的同一年，法国巴黎的一个军营里暴发了严重的痢疾，大量士兵住院治疗。这是一种叫作志贺菌的细菌所引起的肠道传染病，在巴斯德研究所工作的法国微生物学家费利克斯·德赫勒被派往进行调查。按照常规，德赫勒首先尝试在病人粪便中培养这种导致痢疾的细菌。细菌被成功地培养出来了，同时德赫勒也注意到了和特沃特类似的情况：在长满细菌的平板上出现了一些小小的透明圈。敏锐的观察力让德赫勒捕捉到了这种奇怪的现象，而旺盛的好奇心则促使他继续深入研究。为了便于描述，德赫勒把这些细菌死亡后的透明圈叫作空斑（噬斑）[49]。他发现空斑里的某种物质能通过细菌过滤器，具有传染性，能引起志贺菌的死亡，而且只能引起志贺菌的死亡，对其他种类的细菌则没有影响。德赫勒得到的这些实验结果和特沃特的简直如出一辙。不过和特沃特不同，德赫勒立即就确信

---

49 最开始被命名为斑点（taches），后来才正式改为空斑（也叫噬斑），这个名字一直沿用至今。

了这是一种能够感染细菌的特殊病毒。在1917年发表的文章中，德赫勒还给它正式取了一个沿用至今的名字——噬菌体（bacteriophage）[50]。

不仅如此，德赫勒发现噬菌体可以杀死痢疾的元凶志贺菌，他突然产生了一个天马行空却又无比自然的想法：能不能用噬菌体来治疗痢疾呢？想想看，志贺菌引发痢疾，而噬菌体专门杀死志贺菌，那么给患有痢疾的动物或人施用噬菌体，是不是可以通过消灭志贺菌而产生治疗痢疾的效果呢？说做就做，德赫勒在1919年进行了实验，患有痢疾的病人在喝下含有噬菌体的"饮料"后，症状果然迅速减轻了。德赫勒的想象力和行动力使他在成为噬菌体的共同发现者的同时，也成为世界上第一个用噬菌体治疗细菌感染疾病的先驱者。

无论是特沃特还是德赫勒一定都没有想到，他们所发现的这种特殊的病毒——噬菌体，其实是地球上最具影响力的生物实体之一，而且在接下来的一个世纪里，噬菌体将在生物学，特别是分子生物学领域一些最前沿的研究中发挥重要作用。

一种特殊的大病毒——巨型病毒

1992年，英国布拉德福德地区暴发了一场肺炎疫情，为了调查疫情暴发的原因，科学家从附近收集到环境水样，并尝试从中分离鉴定各种微生物。鉴定已知微生物的过程有点像是参照有详细介绍和照片的花名册，来确定一群人里到底谁是谁。假如里面有些成员无法直接对应花名册的名单，至少可以根据他们的长相、口音、生活习惯等，初步粗略判断一下他们的种族、籍贯、亲缘关系等情况。而鉴定未知的微生物时，也可以根据微生物的形态、特征和核酸信息等，大致判断一下这些微生物属于哪一个类群。按照这种方案，很多微生物都被成功地分门别类了，但是其中有一种部分特性像是微小球状"细菌"的微生物，科学家一直没有研究出它究竟该怎么归类。无奈之下，它只好又被放回实验室的冰箱里继续保存起来。

---

50 希腊语的Backerion表示细菌，Phagein表示吃，所以组合起来就表示这是一种吃细菌的东西。

3年以后，科学家又想起了这个无名氏"细菌"，好奇心又被激发起来。法国马赛地中海大学的科学家迪迪埃·拉乌尔特拿到了这个"细菌"，尝试新的鉴定策略。这种新策略利用细菌中的一种特殊RNA进行种类划分。每个细菌都有这种RNA，但不同种类细菌中的这种RNA都不太相同，所以可以根据这个RNA把不同种类的细菌区分开。如果说传统的鉴定方法像是根据照片来判断一个人，这种新方法就像是利用指纹判断一样，又准确又快捷。但是很可惜，这次尝试又失败了，拉乌尔特怎么也找不到"细菌"里的这种特殊RNA。所以拉乌尔特以发现地为名，暂时称呼这种"细菌"叫作"布拉德福德球菌"，研究又不了了之了。

时光辗转，又过去了好几年。2003年，在用电子显微镜仔细观察"布拉德福德球菌"时，拉乌尔特惊讶地发现它居然呈现非常规则的二十面体结构。想到这个所谓的"球菌"只能在一种特殊的变形虫体内复制，正二十面体外加严格细胞内寄生，而且没有细菌该有的那种特殊RNA，拉乌尔特灵光一闪，难道这是一种超大的病毒吗？后续实验果然证明，这个所谓的"布拉德福德球菌"虽然直径达400纳米，外边还包裹着类似细菌外层的结构，但却是个不折不扣的病毒。只不过是因为体型巨大，而且外表结构类似细菌，才被错误地认成了细菌。这一来，以前研究中很多解释不通的困惑就迎刃而解了。更令人吃惊的是，这个巨型病毒的基因组竟然有118万个碱基，一共包括了近千个基因，是一般病毒的几十倍甚至上百倍。不仅如此，它的基因组居然还包含一些只有细胞特有而普通病毒没有的蛋白质信息，比如一些修补基因组的蛋白或者负责合成氨基酸的基因。因为这种巨型病毒在体型、表面结构、基因等方面有点类似细菌，大家觉得它在"模仿"细菌，所以把它命名为"拟菌病毒"。不过，它更为人所熟知的名字可能是根据英文名称（Mimivirus）音译的"咪咪病毒"。

"咪咪病毒"并不是病毒中出现的偶然特例：2008年，科学家们又发现了另一种体型和基因组都和"咪咪病毒"接近的大病毒，为了与"咪咪病毒"的名称呼应，起名为"妈妈病毒"（Mamavirus）；2011年，又有一种更大的病毒在智利海岸被分离出来，大小约为680纳米，基因组包含了超过1000个基因，所以被称为"巨大病毒"（Megavirus）；2年后，科学家们对病毒的认知再次被"潘多拉病毒"（Pandoravirus）的发现所刷新，这种以希腊神话中的著名魔盒来命名的病毒，长度达到了1微米，能够直接用光学显微镜看到，甚至比一些细菌还要大，而它的基因组也达到了令人吃惊的247万个碱基，编码了接近2500个基因。

这些巨型病毒模糊了病毒和细胞的界限，重新引发了关于病毒是不是生命的一场新的论战。同时，这些巨型病毒也被看作细胞和病毒之间的中间过程，为科学家揭示病毒起源提供了新的证据，上文也曾经说到这一点。关于巨型病毒，现在的科学家了解得并不太多，还有无尽的秘密等待着未来的科学家，可能就是正在看这本书的读者们，去一一解开。

一种更特殊的病毒——朊病毒

前文曾经提到一种叫作朊病毒的特殊病毒形式，完全没有核酸，只由错误折叠的蛋白质构成。它的发现，让无数生物学家跌破了眼镜。那么，它是怎么被人类发现的呢？

1957年，美国科学家丹尼尔·盖杜谢克在南太平洋西部岛国巴布亚新几内亚的一个叫作弗雷族（Fore）的土著部落里发现了一种怪异的流行病，病人最开始出现头痛和关节疼，然后身体慢慢失去平衡能力，出现不由自主的颤抖，最后精神异常、痴呆，并在发病3～6个月内死亡。因为疾病的典型症状就是颤抖，因此当地人根据"颤抖"的当地发音称之为"库鲁病"[51]。在调查病因的过程中，盖杜谢克注意到弗雷族的一种陋习。在亲友去世之后，弗雷族人会把死者的尸体连头带肉分而食之以表达自己的怀念。盖杜谢克灵光一闪，有没有可能库鲁病的致病元凶就藏在

51　Kuru，弗雷语的英文音译，原意指颤抖。

死者的身体里，而疾病正是通过吃人肉而传播呢？

要证明疾病和病原体之间的联系，又要请出著名的科赫法则了。大家还记得吗？第一准则就是需要在病人体内发现病原体。所以，盖杜谢克要了一块大家准备分享的死者大脑，回去研碎后用各种设备仔细检查了一番，但可惜没有发现任何细菌的痕迹。当时，病毒学说已经广泛传播，大量新的病毒已经被发现，盖杜谢克自然不会再重蹈之前科学家看不到细菌就放弃的覆辙。不过，找不到病原体自然也无法在实验室进行培养，所以科赫法则的第二准则也走不通了。那么第三准则呢？这种病可以通过死者的尸体传播吗？1963年，盖杜谢克把分到的库鲁病死者大脑磨碎之后注射到黑猩猩的脑子里，经过了3年漫长的等待，就在盖杜谢克都快放弃希望的时候，转机出现了，这只注射了库鲁病死者大脑研磨物的黑猩猩出现了类似库鲁病的症状。这简直是山重水复疑无路，柳暗花明又一村，终于看到了曙光。喜出望外之际，盖杜谢克又把这只发病猩猩的脑子研磨处理之后，再注射到了另一只健康黑猩猩的脑子里，果然这第二只猩猩也发病了。原来，库鲁病是可以通过脑组织传播的，终于符合了半条科赫法则第三原则。那么，这一定是某种病原体导致的传染病了。盖杜谢克还发现，即使经过细菌过滤器，或者用化学手段处理脑子后只保留蛋白质，患病脑组织的感染能力依然存在。但是，如果用一种前面提到过的专门分解蛋白质的蛋白酶处理之后，感染能力就消失了。瞧，又是一种能够穿过细菌滤器、有蛋白组分的病原体，那么依据之前的经验，很可能和病毒有关了。

盖杜谢克在1966年得出结论：库鲁病和类似疾病[52]的病原体可能是一种潜伏期超级长的"非常规"病毒。不过，他当时并没有发现这种病毒的特殊之处究竟在哪里，就根据超长潜伏期称之为"慢性病毒"。因为发现了库鲁病的致病和传播机制，并且通过建议弗雷族废除食人陋习而消除了这种致命的疾病，盖杜谢克和发现乙型肝炎病毒的美国科学家巴鲁克·布隆伯格共同获得了1976年的诺贝尔生理学或医学奖。

---

52 包括羊瘙痒症、克雅氏症、疯牛病等疾病。

随着研究的进一步深入，这种"慢性病毒"与众不同的地方逐渐显露出来。很多零碎的证据似乎表明，这种病毒没有核酸成分，只有蛋白质成分，但这显然不符合人们之前了解的传统病毒的特点啊，核酸是病毒的遗传物质，怎么可能没有它呢？1972年，美国加州大学圣地亚哥分校的科学家史坦利·布鲁希纳开始把主要研究方向聚焦于这种"慢性病毒"。在总结前人的研究结果、借鉴前人的研究经验、吸取前人的研究教训之后，布鲁希纳得到越来越多、越来越完备、越来越明确的实验结果来支持"慢性病毒"只有蛋白质而没有核酸这个假说，并在1982年发表了他的研究结果，用无可辩驳的各种实验证据证明了这种"慢性病毒"是一种没有核酸结构的蛋白质。同时，他还给这种奇怪的病毒起了一个正式的名字"朊病毒"[53]。第二年，布鲁希纳成功地从患病动物身上分离纯化出具有感染能力的蛋白质形式的朊病毒，终于成功地终结了很多人对朊病毒只有蛋白而没有核酸这个神奇特性的质疑和争论。

随后，实验证据越来越多，朊病毒更多令人吃惊的特性被揭示出来。原来，朊病毒居然就是我们自身的一种正常蛋白"变坏"形成的，为了区分，这种正常蛋白被称作"朊蛋白"[54]。就好像人群中也有好人和坏人一样，本质可以算是完全相同的朊蛋白和朊病毒，通过不同的折叠方式形成了不同的蛋白质构象，从而出现了"善良"和"邪恶"两种状态。"善良"的朊蛋白为细胞的正常运转勤勤恳恳地做着自己的正常工作；"邪恶"的朊病毒不光自己破坏细胞正常功能，还能"带坏""善良"的朊蛋白，让它也变得"邪恶"。一旦接触了"善良"的朊蛋白，"邪恶"的朊病毒就能诱导它发生构象变化从而变成朊病毒。就这样，"邪恶"的朊病毒越来越多，细胞就无法正常工作。而不能正常工作的细胞逐渐增加，就让人或动物出现疾病症状。1996年，英国的疯牛病暴发并传播给人类后，布鲁希纳的朊病毒理论终于被事实所

---

53 "朊"是蛋白质的旧称，英文prion的原意也是指蛋白质。

54 严格来讲，正常形式的朊蛋白和朊病毒应该分别被称为细胞型朊蛋白和致病型朊蛋白。

证实，而他也因为在这一方面的重要贡献被授予1997年诺贝尔生理学或医学奖。

现代科学对发现新病毒的促进作用

在1892年发现第一种病毒——烟草花叶病毒，1898年发现第一种动物病毒——口蹄疫病毒，1901年发现第一种人类病毒——黄热病毒之后，病毒的发现呈现了井喷趋势，各种新的病毒种类不断被科学家发现。那么，随着科学技术的发展，发现和鉴定新病毒的方法是否也在随之发展呢？

病毒鉴定技术的发展

在1900年左右，人们只能用细菌过滤器过滤样本来粗略判定是否有病毒存在。如果我们想确认一种传染病的病原体是不是病毒，就让可能的传染源穿过细菌过滤器再去感染合适的感染对象（动物、植物或细菌），如果穿过细菌过滤器的滤液仍有致病能力，那么就说明传染源中可能有病毒存在。鉴定一种病毒，往往需要几代科学家的先后努力，这主要是因为当时实验条件和技术有限，病毒学尚未建立，科学家们对病毒并不了解。

到了1930年左右，科学家对病毒的了解越来越多也越来越深入，逐渐发展出更多的技术来研究病毒：利用化学手段纯化病毒，并利用电子显微镜观察染病组织或可能的传染源以找到病毒的痕迹（用于科赫法则第一和第三原则）；利用细胞或者组织在实验室培养疑似感染样本中的病毒（用于科赫法则第二原则）；建立多种不同的实验动物可用于病毒的接种测试（用于科赫法则第三原则）；此外，发展一系列技术用来检测疑似感染样本中可能的病毒，比如利用抗体检测等。这一阶段的病毒研究主要依赖于物理和化学手段，伴随着技术的发展和研究的深入，病毒的鉴定速度开始逐渐加快。

质的变化发生在1953年，在这一年，沃森和克里克发现了DNA的双螺旋结构，开启了分子生物学时代，也标志着人类对生命的认识进入分子水平。从此以后，科学家对病毒的研究也终于由蛋白质水平拓展到了核酸水平。特别是1985年发明的一种叫作聚合酶链式反应（下文简称为PCR）的技术[55]，逐渐成为分子生物学研究的利器。简单来讲，PCR技术就是在试管里模拟细胞内DNA复制的过程，把含量极少的特定的核酸片段大量扩增。想想看，对于任何一个已知基因组核酸序列的病毒，假如我们要检测某个样品中是否含有这个病毒，只需看看这个样品中是否存在这个病毒核酸的某一段特定序列就可以了。就好像在森林里寻找一只老虎，我们不一定需要看到完整的老虎，只要见到老虎的一部分花纹就可以判定了。但是，如果样品里的病毒数量不多，我们没办法直接检测。所以，我们可以利用PCR技术针对病毒核酸的某个片段进行大量扩增，然后就容易检测了。除了PCR技术以外，还有大量其他分子生物学技术的发明，这些技术大大提高了病毒鉴定的速度和准确度。所以在1960年之后，病毒的发现速度开始爆发式的提升。

病毒学研究的发展过程类似我们学习算术的过程。在刚开始学算术的时候，因为不理解计算原理，只能掰着手指脚趾计算加减法，又慢又不准确，而且只能做一些非常简单的题目。科学家在1900年左右对病毒的研究就处于这种状态。初步了解了一些计算原则之后，我们可以通过笔算心算做题，也能应对数字较大的复杂运算，解题速度也有所加快。1930年以后，科学家逐步积累了一定的病毒学知识，同时物理和化学技术的发展也为科学家提供了更好的研究工具。而随着我们对计算原理理解的深入和计算能力的提升，我们可以开始应用算盘或计算器这些高级计算工具，这时候应付常规的计算无论在速度还是准确度方面都已经不在话下了。1960年以后，分子生物学研究技术的发展就为病毒学研究提供了解题的"计算器"。

---

55 美国生化学家凯利·穆利斯因此项发明和加拿大化学家迈克尔·史密斯共同获得了1993年诺贝尔化学奖。

病毒鉴定速度加快

我们一定都还记得,烟草花叶病毒的鉴定花了50年时间,黄热病毒的鉴定用了近30年的时间。那么,时至今日,我们有了深入的科学理论做基础,也有了先进的仪器技术做支持,要鉴定一种引发传染病的新病毒,现在究竟需要多长时间呢?

2003年初,一场名为SARS的传染性肺炎疫情出现。日常生活里有很多病毒、细菌或其他微生物都可能引发肺炎,但是通过实验室的检测一一排除了这些常见病原体。只有了解病原体才好对症治疗和预防,面对快速增加的SARS肺炎患者,医生和科学家的当务之急就是鉴定病原体。自从2003年1月起,中国的医生和科学家就开始通过各种手段寻找SARS病原体;到了3月中旬,全世界的科学家也都加入进来共同努力;在经历了好几轮预测、检测、验证、失败,再次预测、再次检测、再次验证、再次失败之后,终于在3月底把病原体锁定为一种以前没见过的冠状病毒;接着,在4月中旬终于获得了SARS病毒的全部基因组序列信息。这一次,从开始鉴定病原体到最终确定病原体,只用了4个月的时间。

从几十年到4个月,病毒鉴定速度的提升都归功于科学家对病毒了解的不断加深,以及科学研究水平的不断提高。不过,4个月鉴定病原体的速度显然还是不够快,特别是对于迅速传播的传染性疾病来讲,4个月的时间可能已经造成严重的疫情扩散。而且,躺在病床上的病人也没有时间慢慢等着。那么,有没有更先进的手段能让我们在更短的时间里发现病原体呢?

回想我们做数学题的思路,无论是掰手指还是用计算器,在看到一道题之后,都需要依靠我们自己预测一个可能的解题思路,然后再沿着这个思路去解题。如果思路正确,那么可能得到正确的结果;如果思路错了,就需要重新预测另一个可能的解题思路再重新做。如果是比较容易的常见题型,我们也许能一下子就预测出正确的解题思路;但如果是从没见过的新题型,那可能就要有几次试错的过程了。鉴定某种传染病的病原体也是如此,无论是体外培养、抗体检测还是PCR技术检测,都是在我们对这种疾病的可能病原体有了初步预判的情况下进行的。也就是说，医生和科学家首先需要根据疾病的症状表现和前人的研究经验，大致预测可能的病原体，然后再利用各种实验手段进行检测，最常见的就是分离、培养和鉴定病原体的传染性（就像科赫和传统病毒鉴定的做法），或者利用PCR技术有针对性地判定是否存在特定病原体的核酸片段。如果检测符合预期，就说明我们之前的预测正确；如果没有得到吻合的结果，就说明之前的预测不对，需要从头再来，再进行第二轮的预测和检测。如果我们曾经研究过这个病原体，那么自然有合理的实验手段把它鉴定出来；但万一是一种从没见过的新病毒，这种预测、检验的手段就显得效率太低了。

最近几年，随着分子生物学的发展，测序技术和基因组研究技术的不断提高，科学家能更精确快速地测定核酸序列了。DNA是包含ATCG[56]这4种碱基的一条长链，而测序就是通过科学的手段依次读出来这一条长链上的每一种碱基。每一种病毒的基因组都是一本不同的蓝图，自然含有很多只和这个病毒有关的特殊"章节"或"语句"，体现在ATCG的序列上，也就是与众不同的碱基排列。如果我们能够精确地找到这些特殊的"章节"和"语句"，不就代表我们发现了这种病毒吗？在这个原则的指导之下，利用高通量测序来鉴定病毒的方法就应运而生了。

高通量测序是一种测定核酸序列的手段。顾名思义，高通量测序有两个关键点：第一是测序，就是把核酸的ATCG碱基按排列顺序依次读出来。第二是高通量，传统的测序手段，就好像刚上学的小朋友读书，只能一个字一个字地依次阅读一句话里的每个字，读完了第一句，再继续读第二句，就这样直到把整本书读完；如果有很多本书，就需要读完一本再读另一本，自然效率低速度慢。而高通量测序就像一个经过了大量阅读练习的高手读书，可以一目十行甚至百行；甚至像高级计算机一样，把一本书里所有的语句随机打乱，混合起来之后一次性读出每句话，再重新连成一本书。即使有很多本书，也可以按这种方式，同时把所有

56　对于RNA来讲是AUCG。

书的每一句话都读出来，然后再通过计算机软件的后期高效分析处理，把每本书的语句分开并按照顺序连接起来，还原成一本本书。这样一来，自然大大加快了速度，也提高了效率。

2019年末，新冠病毒感染发生了，在短短几个月时间内席卷全球，造成很多人感染，很多人死亡。在新冠病毒感染刚开始出现时，接触到最早几个病例的医生首先还是依照传统的方法，把病人的样品送到实验室去检测几种常规病原体，比如流行性感冒病毒、腺病毒和常见的导致肺炎的细菌等微生物。不过，实验室检测结果很快就排除了这些常见病原体。接下来，鉴定病原体的策略就和以前不同了。临床医生收集了一位肺炎病人的肺部液体样本，并在2019年12月24日迅速启动了序列测定的过程。要知道，病人样本里面包含很多东西，有病人自己的细胞，有病原体，可能还会有一些并发感染的微生物。也就是说，这些样本中可能混有好几种不同的基因组蓝图，而这正是高通量测序技术的用武之地。借助这种技术，所有的基因组全部被打散混合，然后把所有的基因组"语句"一次性读取出来，之后，把这些测序得到的"语句"和已知物种的基因组"语句"比较，就可以判断样本中含有哪些病原体。仅仅在提供样本测序3天之后，也就是2019年12月27日，研究人员惊讶地发现，病人样本里居然发现了和SARS病毒基因组非常接近的"语句"，提示这些肺炎可能是由一种类似于SARS病毒的病原体引起的。根据这些初步提示，研究人员在12月31日利用PCR技术确定了这次疫情的元凶是一种类似于SARS病毒但以前从未见过的新型冠状病毒，并在2020年1月2日获得了这种新病毒的全部基因组序列。接着，科学家有针对性地开展病毒的分离纯化工作，终于在1月5日分离纯化得到了这种病毒[57]。这一次，从启动病原体调查，到最终确定病原体，只花了

---

57 这种新的病毒和SARS病毒同属于冠状病毒科，而且联系比较紧密，可以算是兄弟俩，所以给它取名叫作SARS-CoV-2，不过这个名字太拗口了，生活中一般还是称它为新型冠状病毒，简称新冠病毒。

不到2个星期的时间。迅速鉴定病原体对于后续治疗肺炎患者和控制疫情发展，起到了重要的作用。而第一时间获得病毒基因组序列以及分离纯化得到病毒，也为后续尽快研发和生产疫苗奠定了宝贵的基础。

从SARS病原体鉴定的4个月，到新冠病毒感染病原体鉴定的2周，起到了关键决定性作用的就是以高通量测序为代表的新型检测技术。正是因为测序结果提供了一个可能的候选对象，病毒学家们才能有的放矢地迅速锁定新冠病毒感染的病原体。

已知的病毒种类

为了更好地帮助全世界科学家研究各种各样的病毒，国际病毒分类委员会应运而生，这是一个由全世界知名病毒学家组成的学术组织，专门负责给病毒科学地命名和分类。在2019年该委员会更新的病毒分类系统中，一共收录介绍了6590种病毒，这些应该就是截至当时人类已经鉴定发现并描述研究过的所有病毒了。科学家仍然在努力地发现新的病毒，所以这个数字也在持续不断地增加。

在这6000多种已经发现的病毒里，超过半数是噬菌体，感染脊椎动物的病毒有1000多种，而人类病毒只有不到300种（在这里，我们把那些有明确证据表明能在自然状态下感染人类而且能在人类之间自然传播的病毒叫人类病毒）。在这些已发现的人类病毒中，只有一小部分病毒把人类作为唯一的感染对象，超过三分之二的病毒能同时感染人类之外的其他哺乳动物以及鸟类。这些病毒都可能会引起疾病大流行。

第四章

病毒的致病过程

虽然病毒种类繁多，数量巨大，但绝大多数病毒并不和我们发生直接的关系，它们只是在生态平衡中默默地发挥重要作用。不过，确实有一小部分病毒可能会给人类的生产生活以及生命健康带来巨大的麻烦。比如，噬菌体感染发酵生产中使用的细菌或酵母会严重影响制药、酿造等工业，造成巨大损失。植物病毒感染农作物会造成大量减产甚至绝收，感染森林树木可能造成大面积林木死亡，从而严重影响农林业。而对于畜牧业来说，现代的规模化养殖大大增加了病毒性疾病大面积暴发和大范围传播的机会，一旦出现疫情，可能会导致几万甚至几十万的动物死亡，为了控制疫情传播扩散，即使未感染的动物也可能被人工扑杀并进行无害化处理，否则万一病毒传播扩散开来，造成的损失更是难以估量。

毋庸赘言，对我们影响最大的，还是那些可以导致人类疾病的病毒，它们对人类的生命健康造成严重的危害。相信大家一定会好奇，这么微小的病毒究竟是怎么让我们生病的呢？

病毒的繁殖

单个的病毒往往很难造成太严重的破坏。即使它感染了细胞，充其量也只会影响这一个细胞而已。根据科学家测算，正常情况下，我们的身体每天约有3300亿个细胞进行着自然的新陈代谢，也就是说平均每秒产生约400万个新的细胞，而同时也有约400万个细胞死亡。因此，病毒杀死它感染的某一个细胞，对我们的身体来讲并不是大事。但是，作为一种生命形式，病毒是能够通过自我复制进行繁殖的，一两个病毒通过感染细胞可以变成一支病毒大军，甚至可能会子子孙孙无穷匮也。单个病毒势单力薄，但如果病毒大军一起发难，感染千万个细胞，就可能严重破坏我们身体器官和组织的正常功能。那么，病毒是怎么繁殖的呢？要了解这个问题，我们就需要了解病毒的"一生"是怎么度过的。

一个病毒颗粒从感染细胞，借助细胞工厂大量自我复制，到最后从细胞中释放出来的整个过程，被称为病毒的生命周期[58]。时间是连续的，但我们可以人为地把一年划分成春夏秋冬，一天分成24小时，用来更好地标记时间。与之类似，科学家们为了便于描述和研究病毒的生命周期，也把病毒原本水到渠成、环环相扣的感染过程大致划分成了6个主要步骤。

① 吸附：病毒附着在宿主细胞上。

② 侵入：病毒进入宿主细胞内部。

③ 脱壳：病毒的遗传物质由病毒内部释放到宿主细胞中。

④ 生物合成：病毒利用宿主细胞大量生产病毒的组分和零件。

⑤ 组装：新产生的病毒组分和零件组装成为新的病毒颗粒。

⑥ 释放：新生成的病毒离开宿主。

---

58 也被称为病毒的感染周期或复制周期。

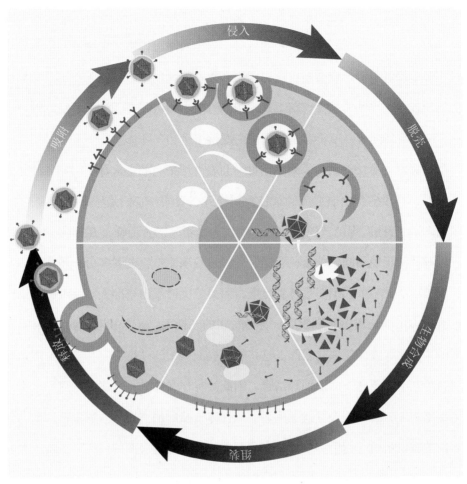

图4-1：病毒的生命周期

接下来就仔细介绍一下每一个步骤究竟是怎么进行的。

吸附（病毒附着在宿主细胞上）

病毒没有手没有脚，当然没办法自己运动，只能在环境中四处"飘荡"或者"漂荡"。如果某个病毒的运气比较好，在随波逐流的过程中靠近了宿主细胞，就有可能通过静电引力被吸引到细胞表面。大家可以做一个简单的小实验，用一个吹鼓了的大气球在自己的头发上摩擦几下，然后再扔一些碎纸屑到气球附近，就会发现碎纸屑被吸引到了气球上，这就是典型的静电吸附现象。病毒接近细胞后被细胞吸引的过程，就好像碎纸屑被气球吸引一样。静电吸附可以发生在病毒和细胞的任何部位，但是静电引力比较微弱，所以病毒和细胞之间的结合也并不稳定。如果我们用力抖动气球，碎纸屑就会掉落下来，依靠静电引力吸附在细胞上的病毒颗粒也是如此，一旦有任何扰动就很容易从细胞上脱落下来。

病毒好不容易接触到一个细胞，可不会轻易地把它放走。真实的病毒的外表面并不光滑，有很多蛋白质形成的枝枝杈杈伸展在表面，它们是病毒特殊的"抓手"或"钥匙"。有些病毒的"抓手"和"钥匙"是不同的蛋白质，互相配合，各司其职；也有些病毒使用同一种蛋白质同时负责这两项工作，能者多劳，身兼数职。这些特殊蛋白质的一头固定在病毒颗粒上，而另一头伸展出来准备接触细胞。细胞表面也有很多由细胞蛋白质形成的、各种形状的"把手"和"锁"，有些正好能和病毒上的"抓手"或"钥匙"匹配。这些细胞表面匹配的"把手"和"锁"能接受病毒"抓手"或"钥匙"的识别和结合，因此被称作受体。一旦病毒依靠静电引力吸附到细胞表面，病毒就会寻找细胞表面的受体，然后用"抓手"紧紧地"抓"住细胞表面的特定蛋白"把手"受体，用"钥匙"插进细胞表面的"锁"受体。和静电引力比起来，"抓手"或"钥匙"更挑剔，它们只能识别到特定的能与之匹配的受体，但是它们之间结合的牢固程度也远超静电引力，能够帮助病毒更牢固地附着在细胞表面。现在，它们可就不那么容易被摆脱了。

不同细胞的种类和功能不同，它们的表面蛋白自然也会有所区别。一种病毒表面的"抓手"和"钥匙"种类有限，所以它能识别少数几种细胞表面受体。假如一种病毒所识别的受体只在少数一种或几种细胞上才有，那它自然也就只能进入这一种或几种细胞，宿主范围比较单一。比如导致艾滋病的元凶人类免疫缺陷病毒，主要识别人体中的表面抗原分化簇4的受体（一般简称CD4），而这种CD4受体，主要存在于辅助T细胞的免疫细胞上，所以这类细胞（CD4+T细胞）就是人类免疫缺陷病毒最主要的感染和攻击对象。像病毒这种只能感染特定类型细胞的特点，被称为特异性。而有一些病毒就比较滑头，它们可以识别的受体在很多细胞上都有，那么这些病毒感染细胞的种类和机会自然就会比较多了，比如水疱性口炎病毒就可以识别很多种不同类型的细胞，甚至能感染不同物种动物的细胞。我们把病毒这种可以感染很多不同细胞的特点，叫作广谱性。

新冠病毒就是依靠病毒囊膜上的刺突蛋白（刺突的英文是spike，因此也有人叫它S蛋白）结合细胞表面的一个叫作"血管紧张素转换酶"的受体（这个名字太复杂了，下文简称ACE2）。2002年发现的SARS病毒也是结合这个ACE2受体。但是科学家发现，新冠病毒结合ACE2受体的能力比SARS病毒要强10 ~ 20倍，一旦结合上去了就不太容易分开，所以新冠病毒的传播能力和感染能力比SARS病毒要强得多。

大家曾经在电影或电视里见过空间站对接的过程吗？一艘小小的飞船慢慢接近巨大的空间站，先轻轻地接触上去，然后通过一系列的锁扣把飞船紧紧固定在空间站上。病毒吸附在细胞上并且通过受体结合就有点类似于这个过程。只不过，病毒不像空间站那样能够主动飞行，并通过加速减速来配合空间站的运动，也不能自主调整姿态以准确对接。另外，病毒和细胞的结合也不像空间站那样只能通过一个固定的位置对接。病毒表面分布着很多同样的"抓手"和"钥匙"，而细胞也有很多的受体遍布于表面，所以病毒与细胞成功结合的概率可比空间站对接大多了。

病毒通过表面蛋白结合细胞表面受体，是病毒感染的第一步，它们一旦结合就正式开始了病毒感染细胞的过程。

侵入（病毒进入宿主细胞内部）

病毒一旦与细胞表面结合，它就得想办法钻进细胞内部去了。细胞可不像我们住的房子有门有窗，它的表面被细胞膜严严实实地包裹住了。病毒若没点本事可无法突破。因此，病毒只能八仙过海，各显神通了。

遗传物质含有病毒复制繁殖的核心信息，只要能把这些生命蓝图送进细胞，病毒就有机会利用细胞工厂生产出新的病毒。因此，有些病毒把自己的衣壳化身为注射器。病毒一旦结合到细胞的表面，它们就用自带的"针头"穿透细胞膜，再把自己的遗传物质"注射"进细胞内部。就好像飞船与空间站对接完毕之后，通过一个通道把最重要的物品和人员送进空间站里，而飞船本身不需要进入空间站。这些病毒也只需要把关键的遗传物质释放进细胞内部，衣壳用后即抛，停留在细胞表面。利用这种方法进入细胞的，往往都是没有囊膜的病毒，比如大多数的噬菌体，也有一部分感染动物或植物的病毒也采用这种策略。

细胞内并非畅通无阻一片坦途，而是机关重重暗藏杀机。由DNA或RNA构成的遗传物质是非常宝贵而且脆弱的，稍有损伤就可能导致前功尽弃。很多病毒"不放心"只让遗传物质只身犯险，因此会让衣壳一同进入细胞，再继续保护遗传物质一段时间。

有一些病毒视细胞膜为无物，可以大摇大摆地直接穿过细胞膜进入细胞。它们当然不会穿墙术，但究竟是怎么进入的呢？很遗憾，科学家还在继续研究这个过程，目前还没有一个完美的解答。因此，这些病毒直接侵入细胞的机制暂时还不清楚。

有很多没有囊膜的病毒可以利用胞吞这种细胞正常生理活动进入细胞。胞吞是细胞从外界获取大分子和颗粒状营养物质的一种重要方式，顾名思义，从字面上直观理解就是细胞"吞食"。不过，胞吞的过程和我们吃东西时张开嘴把食物"吞"下去的过程略有不同。细胞表面由细胞膜包裹，如果真有类似"嘴巴"的开口，那它一张开"嘴"，细胞不就漏了吗？不知道大家是否吃过重庆的牛油火锅，我们现在先把火调小，想象一下覆盖着一层厚厚油膜的汤底。当我们把肉丸轻轻地放入汤底表面时，厚厚的油层会包裹着肉丸逐渐压入汤中；肉丸继续下落，表面会被牛油逐渐包裹；当肉丸完全浸没，进入汤底之后，表面的油层又聚拢在一起恢复了原状，好像什么都没有发生过。病毒通过胞吞进入细胞的过程就与之类似。当病毒通过受体结合到细胞表面以后，就会利用自己的蛋白质与细胞膜上的蛋白质产生一系列相互作用，进而导致细胞膜逐步向内凹陷，病毒也慢慢进入细胞，最后被细胞膜完全包裹并完全进入细胞内部。绝大多数无囊膜的病毒都会采用这种方式进入细胞。

千万别小看病毒表面的那层囊膜，它可是帮助病毒进入细胞的利器。对于那些有囊膜的病毒来讲，除了可以像无囊膜病毒一样通过胞吞作用进入细胞以外，还有另一种进入细胞的绝技——膜融合。病毒的囊膜是在它离开细胞的时候从细胞顺手牵羊得到的，所以有着和细胞膜几乎一样的结构和组成。在病毒结合到细胞表面的时候，病毒的囊膜会在一些病毒蛋白的介导下，和细胞膜融合在一起。想想看，让一个小肥皂泡靠近另一个大肥皂泡的时候，它们接触在一起的部分会连接起来，然后连接的范围慢慢扩大，最终两个肥皂泡合二为一。病毒囊膜和细胞膜融合就类似于这个过程。当病毒囊膜和细胞膜融合了以后，包裹在病毒囊膜里的衣壳也就带着病毒基因组自然而然地进入了细胞内部。

现在，病毒终于进入了细胞内部，可以大展拳脚了。

脱壳（病毒的遗传物质由病毒内部释放到宿主细胞中）

病毒娇弱的遗传物质受到衣壳的包裹和保护，以避免外界的恶劣环境对它造成破坏。但是进入细胞后，如果病毒的遗传物质还被衣壳紧紧地保护起来，那就没办法指导"借用"的细胞机器复制新的病毒了。所以，病毒想要复制，还要在进入细胞之后把衣壳脱去，使遗传物质得以释放。

对于那些把遗传物质"注射"进细胞的病毒来说，当它们把衣壳留在细胞外，把遗传物质注入细胞的时候，已经完成了脱壳的过程。所以这些病毒的侵入和脱壳过程已经合二为一，作为一个步骤同时完成了。

但对于其他的病毒来讲，无论是通过胞吞进入细胞，还是通过膜融合进入细胞，都还需要把遗传物质从囊膜和衣壳里释放出来。

还记得那些通过胞吞作用进入细胞的病毒吗？为了顺利进入细胞，它们在胞吞的过程中又被裹上了一层细胞膜。但现在进入细胞后，就成了作茧自缚，它们想彻底离开层层包裹，释放自己的遗传物质可就有点困难了。所以，有些病毒会采用一种破釜沉舟的策略，一次性一石二鸟地解决病毒衣壳和外面包裹的膜。病毒的衣壳蛋白在细胞内特殊环境的"感召"下，结合能力大减，甚至无法维持正常的衣壳结构了，因此病毒进入细胞后会采取解体大法，把衣壳"打碎"，以释放遗传物质。解体的衣壳和各种蛋白质又继续冲破它外面的一层膜，彻底释放了遗传物质。这样，连壳带膜一次性都被破坏了，病毒的遗传物质也就被释放到细胞内部了。

对于那些有囊膜但又通过胞吞作用进入细胞的病毒来讲，它们的情况比较麻烦，因为这个时候他们的衣壳外面还包裹着两层膜呢，里面一层是病毒的囊膜，外边一层则是在进入细胞时被包裹的细胞膜。这倒也难不住它，病毒在细胞外没有施展出来的膜融合方法现在依然好用，病毒囊膜和胞吞进细胞过程中得到的膜合二为一，病毒衣壳就被释放出来了。

无论膜融合方法是在病毒进入细胞时使用，还是在通过胞吞作用进入细胞后才使用，殊途同归，现在都只有衣壳蛋白包裹着病毒的遗传物质存在于细胞内了。有些衣壳在这时会直接解体，释放出遗传物质。但也有些病毒的衣壳结实，衣壳蛋白之间的连接太紧密太稳定了，没办法自行解体，而需要依靠细胞的力量来解除藩篱。病毒衣壳是蛋白质组成的，而细胞内的蛋白酶专门负责分解蛋白质，这一来正中病毒下怀，它就可以借助细胞蛋白酶的力量，把自己的衣壳分解掉，让遗传物质释放到细胞里。

病毒的基因组接下来会在细胞里经历什么，做些什么事情呢？

生物合成（病毒利用宿主细胞大量生产病毒的组分和零件）

病毒为什么要进入细胞？当然是为了繁殖，从一个病毒颗粒变成成百上千个病毒颗粒。那怎么才能做到这一点呢？病毒不是采用传统细胞一分二、二分四的繁殖方式，而是采用流水线车间装配式的生产方式。既然病毒是由遗传物质和蛋白质衣壳构成的，那么首先自然需要大量生产出这些形成病毒的组成部分，这个过程就是生物合成。

生物合成的病毒成分主要包括遗传物质和各种蛋白质。作为病毒最重要的部分，遗传物质需要在细胞中被大量复制，从进入细胞的那一个病毒的一个基因组，变成成百上千甚至几万个。为了复制病毒的基因组，需要很多不同的蛋白质，有很多病毒复制所需的蛋白质可以直接借用细胞的，但也有一些独特的蛋白质需要由病毒"下单"在细胞里专门"定制"，比如前面曾经说过的病毒自备的用来复制基因组的DNA"抄写员"、RNA"抄写员"，把RNA变成DNA的"反向传令员"等。此外，组成病毒衣壳的蛋白质，插在囊膜上的"抓手"和"钥匙"等各种蛋白质，都是不属于细胞的成分，因此也都需要由病毒指导细胞生产。

细胞就像一个正常生产的工厂，本身就是一个自成体系的系统，细胞内各种各样的蛋白质机器时时刻刻都在有条不紊地完成复杂的生理进程，比如复制细胞基因组、在基因组指导下合成细胞所需的蛋白质、生产各种不同的化合物产品，或接收来自细胞内部或者外界的各种信号、完成各种复杂的调控等。而病毒这个外来强盗一旦进入了细胞工厂，就立刻拿出自己的生产蓝图，强行要求细胞停止正常的工作，把所有的资源全部重新调配，开足马力生产病毒需要的东西。

被感染的细胞哪里容得下病毒这么一个外来户随随便便占用资源，自然不会坐以待毙。在亿万年的缠斗中，细胞内部逐渐进化出了一整套应对病毒感染的策略，能够在一定程度上抵抗病毒的感染。对于病毒来说，既然历尽千难万险进入了细胞，它在细胞种种抵抗之下自然也不会就此放弃。道高一尺魔高一丈，病毒也有很多策略冲破重重阻碍完成自我复制过程。

对于很多结构相对复杂的病毒来讲，它们"财大气粗"，除了必需的遗传物质和衣壳以外，还随身自带了很多"先头部队"蛋白质偷藏在囊膜内或者衣壳内，随着病毒一同进入细胞。这些"先头部队"可以在病毒刚进入细胞的时候，负责打击细胞的抗病毒活动，麻痹细胞因为检测到病毒感染而出现的自杀行为，或者劫持细胞正常的工作流程，并且把整个细胞环境改造成适合病毒复制的状态。接着，病毒释放的遗传物质就能正式登场，指导细胞的蛋白质合成机器（被称为核糖体）大量合成自我复制所需要的蛋白质。最开始合成的是进一步"劫持"细胞正常生理功能或调整细胞环境的蛋白质，用来继续阻止细胞的抵抗，调整细胞环境以适合病毒自身生产复制。接着合成的是帮助病毒基因组复制的蛋白质，由它们帮助生产出更多的病毒基因组。最后，就是那些真正可以组装成病毒颗粒的蛋白质，比如衣壳蛋白、"先头部队"蛋白，或者需要插在病毒外部的"抓手"或"钥匙"蛋白等。

对于那些结构简单的小病毒来讲，它们可没有条件使用先头部队，所以只能开展闪电战，等遗传物质一释放出来，就在第一时间利用细胞机器开始合成自己所需的蛋白，争取能够在细胞反应过来之前就生产出复制所需的各种病毒蛋白。

在整个生物合成过程中，病毒需要占用大量的细胞资源，甚至会阻止细胞自身的部分生理活动，因此会对细胞造成巨大的损害。而细胞为了应对病毒的侵害，并阻止病毒的进一步扩散，也发展出了各种各样的对抗手段。比如细胞内部会有各种检测病毒组分的"探头"，一旦发现病毒活动就会迅速激活抗病毒反应，有时候甚至会采取更加激进的自杀行为和病毒来个玉石俱焚，以牺牲自己为代价遏制病毒感染进一步扩大。

所以，病毒感染细胞的整个进程，特别是病毒的生物合成阶段，就是一个病毒和细胞相互抗衡的角力过程，双方互有胜负。不过，现在先假定病毒成功地完成了生物合成，复制了大量的遗传物质，也产生了大量的病毒颗粒组分蛋白，各种病毒组件都已经备齐了。

组装（新产生的病毒组分和零件组装成为新的病毒颗粒）

病毒把细胞作为自己的生产工厂，借助细胞复制了大量遗传物质，合成了大量组成病毒颗粒所需的蛋白。原料备齐之后就可以开始组装产品了，而这个产品就是病毒颗粒。

病毒组装是一个非常奇妙的过程，甚至可以说是自然工程的一个了不起的奇迹。在细胞内拥挤复杂纷乱的环境里，几十到几万个病毒衣壳蛋白分子和其他病毒组分，在几小时到几天的时间内，自动组装成为一个高度有序的复杂结构——病毒颗粒，让人由衷感叹自然界的神奇。

不同病毒的尺寸、大小、复杂程度、遗传物质差异巨大，但是它们都具有类似的基本结构——核心是核酸构成的遗传物质，它们由蛋白质形成的衣壳所包裹保护，部分病毒的最外层还有囊膜包裹。因此，虽然不同的病毒可能利用不同的机制进行组装，但万变不离其宗，在病毒颗粒组装的过程中，最关键的过程都是由衣壳蛋白组装成衣壳并包裹住病毒的核酸遗传物质。

有一些结构简单的病毒衣壳只由很少几种衣壳蛋白构成，这些蛋白往往能够通过分子之间的相互作用力或者电荷引力自动聚集在一起，并根据衣壳蛋白的结构自动组装成衣壳。这个过程有点像我们玩的拼图游戏，不同的蛋白质就像具有不同凹凸卡槽的一片片拼图，通过卡槽的嵌合形成一个完整的图形，只不过这个拼图游戏不是在二维平面上而是在三维空间内进行的，而且这个拼装的过程不需要人为干预就自动完成。在衣壳组装的过程中，病毒遗传物质被一起包裹起来。

也有些结构复杂的衣壳没办法自发组装形成，它们往往需要借助其他的蛋白支撑起整个结构，并把衣壳蛋白集合在一起组成衣壳。这些蛋白就好像盖房子的脚手架一样，所以被称作脚手架蛋白，他们负责在病毒衣壳的内部行使支撑和搭建作用。房子修好了就需要把脚手架拆除，同样，在衣壳组装完成后，脚手架蛋白也会被分解，从而把内部的宝贵空间让位给遗传物质。一些病毒组装完成的衣壳上会有一个小孔，就好像葫芦口一样，是专门预留出来让遗传物质进入的。因为病毒衣壳的内部空间有限，而遗传物质是由长长的核酸链构成，所以对于遗传物质较大的病毒来说，把长长的核酸链塞进衣壳这个有限的空间里，需要耗费很大的能量。想想看交通高峰时期的地铁吧，想要挤进大量的乘客，需要花费多大的力气？遗传物质全部装载进入衣壳之后，会有一些特殊的病毒衣壳蛋白形成"塞子"堵住遗传物质注入衣壳的"葫芦口"，就好像地铁车门在乘客全部进入后关闭一样。病毒衣壳的结构和"塞子"的封闭能力非常强悍。在衣壳这么一个小小的空间里长长的核酸链卷曲折叠挤压，会产生非常大的压力，有些病毒衣壳内部的压力甚至能达到50个大气压。想想看，如果衣壳和塞子不够结实，怎么可能好好地把遗传物质封闭在内部呢？也正因为这么大的内部压力，这些病毒感染细胞后释放遗传物质时，用简单的"注射"来形容并不完全贴切，更直观的类比应该是通过一次微型"爆破"把这些遗传物质"喷"进细胞内部。

虽然我们常看到的病毒示意图是一个容器状态的衣壳包裹着内部的遗传物质，但也有一些病毒并不完全长成这样。有些病毒的衣壳蛋白是直接与遗传物质结合在一起的，就像线轴一样把长长的核酸链紧紧缠绕起来。比如之前讲过的烟草花叶病毒，它的衣壳蛋白就会在结合遗传物质的同时缠绕组装成长长的管状结构。还有一些病毒，它的遗传物质先紧紧缠绕住衣壳蛋白，再在外面包裹一层蛋白或一层囊膜，狂犬病毒就是如此。

释放（新生成的病毒离开宿主）

现在，新合成的病毒颗粒都已经组装完成。在病毒的劫持之下，细胞工厂把全部产能用于病毒的生产，在这个时候也已经残破不堪，"生命"岌岌可危。病毒也到了离开的时候，它需要离开细胞继续去寻找下一个健康的细胞作为新的宿主，完成新一轮的感染。病毒进入细胞很困难，而想要离开也并不是说走就能走的。那么，病毒怎么才能打破细胞的藩篱得到自由呢？

有一些病毒比较粗暴，它们会在很短时间完成大量新病毒的组装，等到形成了一支病毒大军，它们就一起破坏细胞膜，裂解细胞，然后一股脑地涌出来。随着病毒的释放，被裂解的细胞自然也就死亡了。很多没有囊膜的病毒都会采用这种裂解细胞的方式。

也有一些病毒相对温柔，他们不想用这么暴力的方式离开。新的病毒一旦产生，就不再等候其他新生同伴，而是直接来到细胞边缘，使劲往外钻。就好像种子发芽时破土萌生一样，病毒会把细胞的表面顶出一个小凸起，这个小芽带着细胞膜越来越往外突出，终于连同细胞膜一起脱离了细胞，并且被细胞膜完全包裹起来。这时候，细胞膜就形成了病毒的囊膜。这个过程和病毒胞吞进入细胞正好相反，被称作出芽。出芽过程对细胞的伤害比较小，先合成的病毒离开细胞之后，只要细胞没有死亡，病毒就还能够继续自我复制，合成新的病毒颗粒，直至最后耗尽细胞的所有能量和营养。很多有囊膜的病毒是利用这种出芽的方式离开细胞。

就这样，一个病毒颗粒单枪匹马闯进细胞，利用细胞作为加工厂，最终产生了一支病毒小分队。他们离开这个细胞，开始寻找下一个细胞，准备下一轮复制。此时最初的病毒颗粒也就完成了它的生命周期。在这个过程中，病毒对细胞产生了难以逆转的影响。绝大多数情况下，在帮助病毒产生了大量新的病毒颗粒之后，这个被病毒感染的细胞的归宿就是死亡。

病毒感染细胞后的其他出路

刚才提到过，对于病毒来讲，细胞内部也是机关重重暗藏杀机，在长期的相互纠缠进化过程中，细胞也发展了一整套对抗病毒感染的机制。而对于病毒来讲，虽然复制过程随时都有可能受到细胞抗病毒机制的阻挠而前功尽弃，但开弓没有回头箭。因此，尽管多数病毒会在进入细胞以后，立刻大张旗鼓地开始劫持细胞，并一鼓作气地利用细胞自我复制，产生新的病毒大军，但有些病毒也会采取其他更狡猾的策略，比如隐藏自己，埋伏起来，谋定而后动。

部分病毒在进入细胞以后，一点也不着急劫持细胞进行自我复制。相反，为了避免打草惊蛇引起细胞的警觉，它会蹑手蹑脚地偷偷在细胞里暂住下来，伺机行动。为了逃过细胞的监视，有些病毒会通过易容术把自己伪装起来。比如，乙型肝炎病毒在进入肝细胞之后，会把自己的遗传物质伪装成类似于宿主细胞自身的样子，悄悄隐匿在细胞核里，骗过细胞各种警报系统。而有些病毒的手段就更高明了。乙型肝炎病毒假扮宿主细胞的遗传物质毕竟还有可能被发现，但人类免疫缺陷病毒可以把自己的遗传物质直接插进宿主细胞的基因组里，就此和细胞融为一体，这样一来，只要人类免疫缺陷病毒不作乱，就可以作为细胞的一部分常住下去。

这些病毒不声不响地悄悄隐藏在细胞中，完全不像一般病毒那样大肆作乱，只在偶尔的情况下，才偷偷摸摸地利用细胞合成一丁点的病毒蛋白，以维持自己的最基本需求，免得彻底烟消云散。就这样，它们躲过了细胞的层层监视，暂时瞒天过海藏身于细胞。这种情况，就是病毒的潜伏。虽然病毒与细胞暂时融洽相处，表面看上去风平浪静，但潜伏的病毒始终如同定时炸弹一般存在着。一旦时机成熟，它们就会迅速重新活跃起来，再次兴风作浪，继续之前没有完成的生命周期，复制大量的新病毒，最终导致细胞死亡。这个过程，称作潜伏病毒的激活。

在病毒长期的潜伏过程中，也可能会有些糊涂病毒忘了激活，或者始终没有等到合适的时机激活自己，从定时炸弹变成了哑弹，最终伴随细胞一起走到了终点，被彻底清除。特别是那些已经整合到宿主细胞基因组上的病毒，还可能随着宿主的分裂而被传递下去，甚至逐渐为细胞的新陈代谢做出贡献，就像之前说过的那些"化石病毒"遗迹，就是这样产生的。

病毒的传播

病毒需要进入细胞之后，才能正常地自我复制。细菌、藻类等简单的单细胞生物，它们的细胞直接暴露于环境，可能比较好进入。但是，绝大多数生物都由很多细胞组成，而且大多有一层致密的保护性组织（比如人类的皮肤等）把自己与外界隔离开。那么病毒怎么接触到细胞呢？在一个细胞里自我复制之后，新的病毒又是怎么感染下一个细胞或者其他生物体呢？

在这里，以我们人类做例子，看看病毒是怎么传播的吧。

病毒怎么侵入人体？

病毒无处不在：在我们吃的食物里，在我们喝的水里，在我们呼吸的空气中，在我们的手上，甚至在我们的身体里……那么，它们究竟通过哪些途径侵入我们的体内呢？

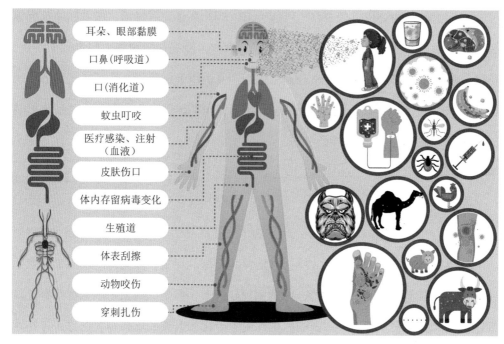

图4-2：病毒侵入人体的途径和媒介

皮肤

皮肤覆盖身体绝大多数表面，是隔开身体内部组织与外界环境之间的第一道屏障。自然而然地，皮肤也首当其冲成了外界病毒的攻击目标之一。正常情况下，完好的健康皮肤覆盖着一层致密而坚韧的角质层，它们由死亡细胞形成，病毒无法利用，同时也无法轻易穿透，算得上刀枪不入的"盔甲"了。不过，尽管病毒很难通过完好无损的皮肤侵入人体，但一旦由于疾病、外伤等原因导致皮肤出现损伤，或者皮肤的完整性遭到破坏，环境中或皮肤上的病毒就可能乘虚而入，穿过这些皮肤上的薄弱区域侵入人体。接下来，各种皮肤细胞、血液细胞、肌肉细胞甚至神经细胞等就暴露在它们面前，触手可及了。比如我们常常见到的皮肤上的疣，就是因为人乳头瘤病毒[59]通过皮肤表面的破损进入体内，在皮肤细胞中复制

---

59 英文全称human papilloma virus，缩写为HPV。HPV疫苗就是用来预防这种病毒所引发的癌症。

导致皮肤细胞增生，从而形成的一种良性肿瘤。另外，人体被动物咬伤或利器刺伤割伤，病毒也可能伴随动物的牙齿、爪子或利器直接穿过皮肤侵入体内。比如狂犬病毒[60]藏身于带毒动物的唾液里，通过动物抓咬造成的皮肤表面伤口进入人体。狂犬病毒首先感染伤口附近的肌肉和末梢神经细胞，然后沿着神经细胞一路向上感染中枢神经和大脑。假如没有得到及时有效的治疗，发病后的死亡率接近100%。很多看起来不起眼的小动物也可能通过叮咬让病毒突破皮肤屏障，直接进入身体。黄热病毒、寨卡病毒、登革病毒等就能藏身于蚊子体内，并在蚊子唾液腺大量复制，借助蚊子叮咬的机会侵入人体引发疾病。野外的蜱虫也能携带多种危险病毒并传播给人类。

黏膜

我们的身体表面被皮肤所覆盖，形成了致密的保护层。但是口鼻眼睛等几个关键性的和外界联系的区域，总不可能也被皮肤包裹起来吧。别担心，这些地方都由一层黏膜所覆盖保护。既然皮肤不容易被攻克，那么这些黏膜也就成了病毒进入人体的下一个目标。比如眼睛这个"心灵的窗口"，就常常会受到病毒的侵扰。因为缺乏皮肤的保护而又直接面对外界，这个"心灵的窗口"也成了病毒感染的"窗口"。在不卫生的水域中游泳、用被污染的水洗脸，或者用脏手揉眼睛，都有可能使病毒借机进入眼睛，造成感染。比如我们俗称的"红眼病"，学名叫作流行性出血性结膜炎，很多情况就是因为病毒感染眼睛，引发了炎症反应，导致结膜又红又肿。单纯疱疹病毒、水痘－带状疱疹病毒，甚至麻疹病毒等都可能感染眼睛导致病毒性结膜炎。某些情况下，这些病毒还能感染角膜，严重的时候甚至可以致盲。不过，不幸中的万幸，病毒感染眼睛后一般只把感染范围局限在眼部，很少会传播到全身其他地方。

---

60 注意，不仅是发病的动物才会携带狂犬病毒，看上去健康的动物也有可能带毒。所以，饲养宠物狗一定要注射狂犬病毒疫苗。这既是保护宠物，同时也是保护我们自己。

呼吸道

呼吸道是病毒入侵人体最常见的途径。作为最重要的呼吸器官，肺部通过气管和口鼻直接连通着外部环境，并利用超过70平方米的表面积负责进行气体交换。在正常呼吸的时候，成人的分钟通气量是6升。这意味着假如空气中含有病毒，它们随时都有大量的机会直接进入肺部，并在教室大小的面积中接触到无数的细胞。呼吸道和肺部可不像皮肤那样表面覆盖着角质层"盔甲"，大量脆弱的细胞直接接触着从环境中吸入的空气，以及其中可能含有的病毒或其他有害物质。这实在是病毒侵入人体的理想之选，难怪有这么多种呼吸道传染性疾病。比如最为常见的普通感冒、流行性感冒等，都是因为病毒被呼吸带入人体，感染呼吸系统，并引发严重的呼吸道疾病。

消化道

呼吸自然是一刻也不能停止，除此之外，我们每天还必须要吃喝以维持生存。来自外界的食物和饮料都需要通过口腔和食道进入人体，接着在消化道里被处理吸收。因此，消化道成了大量病毒侵染人体的另一个主要途径。病毒可以藏身在污染的食物和不洁的饮用水中，在人吃饭喝水的过程中不知不觉地侵入人体。没有完全清洗干净或者消毒不彻底的餐具和水杯等也可能成为病毒侵入的帮凶。另外，咬手指、抠鼻子等很多无意识的不卫生行为，也能直接帮助病毒进入体内。比如说，引发肝炎的甲型肝炎病毒和乙型肝炎病毒、导致严重腹泻的诺如病毒、引发手足口病的肠道病毒等都是通过消化道进入体内。

血液

血液在我们的血管里流动，看上去被皮肤、肌肉和血管等各种身体组织严密地保护起来，根本没机会接触外界，好像不会作为病毒的直接侵入途径。但是，正因为血液可以通过遍及全身的大小血管在身体各处循环，一旦发生病毒感染，就成了病毒在体内传播的"高速公路"。比如我们因为外伤而出血的时候，环境中、皮肤上，甚至止血物里的病毒就有了可乘之机，"钻进"血管，直接侵入人体。另一种更直接的手段是注射。当我们使用不干净的注射器时，特别是在消毒不彻底或多人共用同一个注射器的时候，有很大可能会直接把病毒送进我们的血液里从而遍及全身。比如说注射吸毒的人常常因为共用注射器而感染人类免疫缺陷病毒、丙型肝炎病毒或乙型肝炎病毒。人们一般会选择正规的医院进行注射，因为正规医院有严格的消毒措施和一次性医疗用品的保障，一般都不用担心这个问题。至于蚊虫叮咬，刚才已经说过了，也有一定概率能够使它们所携带的病毒进入我们的血液。

病毒喜欢感染哪种细胞？

有的人喜欢吃肉，有的人喜欢吃菜，而有的人则愿意尝试各种美食。病毒感染细胞也类似，不同的病毒有着自己的独特要求。一种病毒并不能感染所有种类的细胞，一种细胞也不一定能帮助所有种类的病毒复制繁殖。那么，病毒对细胞有什么要求呢？

首先，病毒必须能够进入细胞，如果把细胞比作生产工厂，那么病毒就是闯进工厂用自己的设计蓝图要求工厂代工生产自己产品的强盗。这个强盗要想生产自己的产品（也就是它自己），必须首先进入工厂。对于病毒强盗来讲，细胞工厂的围墙（也就是细胞膜）可谓固若金汤，所以它只能通过溜门撬锁的手段，利用自己随身携带的钥匙，打开细胞工厂相匹配受体后门上的门锁，才能进入工厂。病毒强盗随身携带的钥匙也就那么几把，因此需要找到合适的锁才能开门进入。我们前面曾说过，病毒需要利用病毒表面的蛋白"抓手"和"钥匙"结合细胞表面特殊的受体之后，才能进入这个细胞。所以，这个细胞上必须带有病毒能够识别的特殊受体。一种病毒可能只识别单一的受体，也可能识别几种不同的受体。这个（些）受体可能仅在一种细胞上才有，也可能在多种不同细胞上都存在。有时候，单独一种受体就已经足够让病毒进入细胞，而有时候需要几种不同受体相互配合才能让病毒进入细胞。

仅仅进入细胞还不够，接下来，病毒还需要利用这个细胞进行自我复制。所以细胞工厂里的生产车间必须能够符合病毒强盗的要求，如果病毒强盗要生产汽车，但却带着自己的设计蓝图闯进了食品工厂，那么显然是造不出汽车的。因此这个细胞中的各种环境以及蛋白质种类和功能一定要匹配病毒的需求，才能帮助合成病毒蛋白、复制遗传物质、组装病毒颗粒等。对于不适合的细胞，即使人为用各种手段强行把病毒送进细胞，甚至把病毒的遗传物质直接转进细胞，也没有办法完成病毒的自我复制。

所以说，对于病毒来讲，遇到适合自己的细胞是一件可遇而不可求的事情。一旦病毒运气爆棚，顺利感染到了合适的宿主细胞，它们就会迅速抢占资源，复制出大量新的病毒。

病毒怎么从一个细胞传播到另一个细胞？

对于绝大多数多细胞的生命体来讲，时时刻刻都有大量细胞衰老死亡，也有众多新产生的细胞补充接替，从而维持生命体正常的生理功能。对于单细胞的细菌群落来讲，也同样如此，组成整个群落的细菌个体也在不断地新老更替。

在这种动态平衡的状态之下，被一个病毒颗粒感染所导致的一个细胞的死亡，并不会对整个生命体或群落产生太严重的影响。不过，病毒的野心显然不限于感染一个细胞、复制一支小分队。只要有机会，它会感染每一个它遇到的适合细胞，尽可能多地掠夺细胞资源进行自我复制，得到病毒大军。所以，在病毒感染一个细胞并完成了自我复制之后，释放的新病毒需要想办法传播到下一个细胞。

随波逐流

病毒最常用的传播手段是随波逐流。离开上一个细胞之后，它们就进入周围的环境，完全被动地等待着碰到下一个细胞。这种瞎猫碰死耗子式的传播方式非常低效，但新产生出来的病毒数量巨大，总还是有机会能让一部分病毒碰到下一个适合的细胞。不过，病毒的感染活力也是有一定时效性的，有点类似于"保质期"。如果在不适合的环境里待得太久了，病毒就会逐渐失去活性，即使碰到了适合的细胞也不能再次造成感染。

左邻右舍

生物体内很多细胞之间并没有太大的间距，往往是紧紧挨在一起的。如果大家见过蜂巢，就很容易想象到这个状态。为了便于相邻的细胞之间交换产品或者传递信息，这些细胞之间并不是完全彼此独立的，而是被一些特殊的微小通道连接在一起，就好像房间之间的门、窗、连廊一样。因此，有些病毒会采用比"随波逐流"更聪明的办法进行传播。它们不再舍近求远地离开上一个细胞，再寻找下一个感染对象，而是通过细胞和细胞之间的连接通道，直接钻进隔壁的细胞。也有些病毒会通过一些特殊的病毒蛋白（比如可以让细胞膜融合的病毒蛋白），把几个细胞的细胞膜全部融合在一起，就好像装修队拿大锤把相邻房间之间的隔墙全部拆除，把几个相对独立的空间变成了一整个那样。这样一来，病毒也就完成从一个细胞传到几个细胞的过程。不过，这种传播方式一般都只能帮助一个病毒在初始感染细胞的周围传播，所以感染范围比较有限。

高速公路

如果病毒不满足于只骚扰左邻右舍，想到更远的地方开疆拓土，那要采用什么方式呢？最常见的是借助体内的血液流动。要知道，生命体内的血管四通八达，身体几乎所有角落都有血液通过血管时刻供应着氧气和营养，同时带走细胞代谢产生的废物。因此，如果病毒进入了血液循环，理论上就像进入了高速公路一样，可以在很短的时间里到达体内的任何地方，如果感染了更远处的细胞，就完成了远距离传播。比如经常在中小学暴发的手足口病可能由多种肠道病毒引起，病毒会在感染地点大量复制后释放进入血液，然后可以随着血流进一步感染皮肤及黏膜、呼吸系统、心脏、肝脏、胰脏等多个组织的细胞，甚至可以穿透血脑屏障进入神经系统造成脑炎。不仅仅是肠道病毒，其实绝大多数病毒在感染人体后，或多或少都会把病毒释放进入血液系统。这也是为什么在检测病毒感染的时候，血液往往是很重要的一个检测样本。像乙型肝炎、艾滋病等，都会把血液中的乙型肝炎病毒或人类免疫缺陷病毒的数量作为指示疾病严重程度的一个重要指标。

搭便车

病毒在血液中可不像我们想象的那样一帆风顺，其中会有各种各样的免疫细胞或抗体阻挠，可谓重重险阻。因此有些病毒会采用"搭便车"的方式，借助其他可以在体内运动的细胞抵达目的地。比如人类免疫缺陷病毒、巨细胞病毒等，它们能钻进一些免疫细胞[61]。免疫细胞是身体里的警察和军队，专门负责杀灭外来入侵的病原体，所以病毒在免疫细胞里往往不敢造次，偷偷进入之后就暂时潜伏下来。这些免疫细胞随着血液流动在体内巡逻，同时也带着隐藏的偷渡者，当它们到达了适合病毒复制的组织和部位之后，潜伏的病毒就会突然发难，自我复制后感染新的细胞。此外，在接受抗病毒药物治疗的时候，病毒也可以悄悄藏身于这些免疫细胞里躲过一劫，并在治疗结束后，再次出来兴风作浪。就这样，病毒把免疫细胞当作了免费出租车和藏身点，成功从一个感染区域到达了另一个新的区域。

走捷径

细胞之间的产品传递和信息交流不只局限在局部的邻居之间，有时候相距遥远的细胞之间也存在直接联系。我们全身的皮肤、肌肉、各个器官组织，都被数千亿个神经细胞所连接，它们像细绳一样遍布全身，连接着大脑、脊髓和身体的其他部位。神经细胞和传统的细胞形态不太一样，它们往往都有长长的"天线"[62]用来接收各种信号或传递各种指令，这些长长的"天线"远远地伸展到皮肤表面或者大脑深

---

61 比如单核细胞或巨噬细胞等。

62 用来接收信号的"天线"被称为树突，相对短粗；用来发出信号的叫作轴突，又细又长。

处等其他地方和别的细胞相连接。比如人体内的脊髓前角运动神经细胞，它的"天线"可长达1米。神经细胞的这些"天线"简直就是连接远距离区域之间的天然捷径，因此也给病毒远程传输提供了可乘之机。借助神经细胞的"天线"，病毒不仅能够把平时好几步才能走完的旅程缩短到一步，足不出户地沿着"天线"捷径进入这个神经细胞所连接的遥远的其他细胞了。水痘-带状疱疹病毒就是如此。而狂犬病毒、单纯疱疹病毒等一些嗜神经病毒更是把这套把戏玩得炉火纯青，它们甚至能借助"天线"捷径侵入平日被重重保护而难以企及的大脑。

现在，病毒借助不同的策略终于从初期的一个感染位点传播到了身体的其他区域，感染了体内的更多细胞。接着，病毒就有可能像星星之火一样，一步步传播蔓延开来，逐渐造成同一组织大面积感染或全身不同组织多发性感染，从而形成燎原之势。

病毒怎么从一个人传播到另一个人？

病毒进入人体，感染了一个细胞，接着通过细胞间传播扩大了感染范围，在进行了大量的自我复制、产生了大量新的病毒之后，现在应该怎么办呢？显然，假如它要继续扩散，就需要从一个人传播到另一个人。这个过程又是怎么进行的呢？

病毒在人群中不同个体之间的传播，即从一个独立的人传到另一个独立的人的过程，被称为水平传播。水平传播是病毒传播最主要的手段，绝大多数病毒都是通过这种方式来传播的。因为病毒不能主动运动，所以它的传播往往需要借助各种各样的媒介。根据感染的部位不同、复制的特点不同，不同的病毒借助不同的媒介通过不同的途径进行传播，而不同的传播机制又直接影响了病毒性疾病扩散的速度、广度和强度。

呼吸道传播

绝大多数的呼吸道病毒都可以借助飞沫通过呼吸道进行传播，而这也是最常见的病毒传播方式之一。很多我们耳熟能详的病毒，比如流行性感冒病毒、SARS 病毒、新冠病毒、麻疹病毒，甚至曾经令人闻之变色的天花病毒等都是利用飞沫传播。

当我们在咳嗽、打喷嚏，甚至正常说话、呼吸的时候，都会产生气流。这时，在口、鼻、喉咙和下呼吸道里的各种分泌物，比如唾液、鼻涕、痰液等，就会以微小液滴的形式随着气流被喷到空气中。这些微小的分泌物液滴就是飞沫。呼吸道病毒会在被感染者的呼吸道内大量复制，而新产生的病毒颗粒就会附着在这些飞沫之上，一同"飞"进环境里。想象一下我们含住一大口水再用力喷出去的情况，就有点像是放大版的飞沫释放。这些喷出来的水滴有大有小，大的水珠被喷出来之后没飞多远就很快落地了，而一些比较小的水雾则可能飘飘荡荡，慢慢飞到更远的地方。假如在飞沫还没有落地的时候，正巧飘荡到另一个人的身上，就有可能被他吸入呼吸道，那么藏身于飞沫的病毒就有机会感染新的对象了。病毒借助飞沫传播影响的范围相对比较小，一般在 1～2 米以内，只能传播给和被感染者距离比较近的人。比如面对面聊天说话、围坐一桌吃饭，或者乘坐拥挤的公交车等情况，都是病毒通过飞沫进行传播的好机会。

正常情况下，飞沫的水分完全蒸发之后就无法继续保护藏身其中的病毒了，这些病毒会很快失去感染能力。但是，在某些特殊情况下，飞沫水分蒸发后，其中含有的蛋白质等成分会包裹病毒形成一个微小的颗粒，被称为飞沫核。受到这些蛋白质等成分的包裹和保护，飞沫核里的病毒可以存活更长的时间。而飞沫核因为体积更小重量更轻，能够悬浮在空气中，也能够飘荡到更远的地方。如果大量的飞沫都形成了飞沫核，那么还可能形成"气溶胶"。想象一下雾霾出现的时候，大量的微小液滴或颗粒物稳定均匀地悬浮在空气里，久久不能消散，气溶胶就有点类似于这种状态。只不过，气溶胶的范围一般都不会太大，往往是在一小团空气里存在着大量含有病毒的飞沫核。因为气溶胶的局部病毒浓度很高，所以有利于病毒的传播感染。同时，气溶胶也比较稳定，病毒不容易因为扩散而被稀释，所以有利于帮助病毒传播到更远的区域。2003年SARS发生的时候，曾经有一个单元的居民从楼下到楼上都被感染，就是因为病毒气溶胶依靠干涸的下水道进行传播。不过，大风是雾霾的克星，解决气溶胶最有效的手段同样是通风换气，有效的空气流通可以吹散气溶胶团，破坏气溶胶的稳定性，这样一来，病毒就会迅速扩散而被稀释，也就减少了感染人类的概率。因此，在电梯、房间、车厢等相对密闭的空间里，我们更应该格外注意通风换气。

在更特殊的情况下，包裹着病毒的飞沫或者其他分泌物（比如说痰或鼻涕）落地干燥之后，会形成尘埃。刮风或人走路时扰动的空气会把这些尘埃卷起，这时候附着其上的病毒也有可能被人吸进口鼻而感染呼吸道。这些含有病毒的尘埃也可能首先附着在衣服或物品上，再间接地被人吸入造成感染。这种情况被称为尘埃传播。

消化道传播

感染消化道的病毒往往会借助排泄物或呕吐物通过消化道传播。通过消化道传播的病毒种类同样很多，比如快要绝迹的引发小儿麻痹症的脊髓灰质炎病毒，引发儿童手足口病的肠道病毒EV71和柯萨奇病毒，还有极易引发大规模腹泻疫情的轮状病毒和诺如病毒等，都是通过消化道传播的病毒。绝大多数能够感染消化系统的病毒，都是先通过消化道进入人体，然后在消化道里大量自我复制后，再次通过消化道排出人体，最后再通过下一个人的消化道造成下一次感染。

虽然消化道很长，但是病毒只有一个入口，那就是我们的嘴巴。简单一点理解，病毒通过消化道传播的根源就是我们吃下了病毒。病毒被人们在不经意之中吃下去之后，如果闯过了胃酸的腐蚀和各种消化酶的分解，就会到达肠道区域并在那里大量地自我复制。因为病毒感染破坏了大量消化道细胞，感染者往往会腹泻或者呕吐，这时新产生的病毒就会随着排泄物或者呕吐物到达感染者体外。如果没有经过妥善处理的话，这些排泄物和呕吐物可能会带着藏身其中的病毒一起污染水源或者食物。蚊虫苍蝇等也可能把这些污物和病毒一起散播到其他食物上或者餐具表面。一旦有人喝了被污染的水，吃了被污染的食物，使用了被污染的餐具，病毒就可能直接进入人体，从而造成另一个个体的感染。

人体每天内外交换最多的方式，第一是呼吸，第二就是吃喝了。因此在卫生情况不好的时代，排泄物经常会污染水源，造成疫情暴发。因此，有人把现代厕所评价为"人类生命史上最伟大的发明"。得益于此，现代社会的绝大多数地区都已经普及了抽水马桶和下水道系统，再加上自来水的水源也受到了严格的保护，所以排泄物和呕吐物污染水源的情况已经越来越少了。但是，对于病毒感染者排泄物和呕吐物的处理，我们一样不能掉以轻心。否则，仍然可能造成病毒传播。

接触传播

其实，接触应该算作是病毒传播的一种方式，而不是一个途径。因为，借助我们的身体直接接触，然后感染的病毒，同样需要经过口眼耳鼻等器官进入人体才能造成感染。最常见的接触传播的帮凶就是我们的双手，它们应该算是我们每天接触外界最多的部位之一了。我们做任何事情都离不开双手：开门需要用手接触门把手，坐电梯需要用手按电梯按键，坐公交需要用手扶着栏杆，更别说经常用手刷手机了。试想一下，如果我们手上沾染了病毒，无论这些病毒是打喷嚏经飞沫传到手上的、上厕所不小心溅在手上的，还是接触了病毒污染的东西粘在手上的，在进行抠鼻子、咬手指这些无意识的动作时，或者没有彻底洗手就吃饭喝水的时候，都有极大的可能把这些附着在手上的病毒经过口鼻带入体内。当我们用脏手接触其他人的时候，可能直接把病毒传播给别人；当我们用脏手触碰门把手、电梯按钮或手机的时候，也可能会把病毒留在这些东西上，危害到下一个接触者的健康。

除了手部以外，身体其他地方与外界的接触也可能帮助病毒传播。很多家长为了表达自己对孩子的喜爱，经常会亲亲可爱的孩子们。殊不知，这个动作可谓危机四伏，病毒有可能藏在唾液中经嘴唇接触传给娇弱的孩子。有一种叫作EB病毒[63]的疱疹病毒就常常通过这个亲昵的动作感染婴儿，所以这种病毒导致的疾病又被称为"接吻病"。这种疾病会造成发烧、淋巴结肿大、腹泻或者其他的胃肠道感染症状。

通过接触传播的病毒在传播范围和扩散能力上稍逊一筹，但是防不胜防。我们每天有大量的机会接触到外界，任何地方都可能是病毒污染区域。特别是对于上学的儿童和青少年，小朋友们往往没有建立起良好的卫生习惯，洗手时敷衍了事，经常抠鼻孔、咬手指，而且上学期间又有很多人聚集在一起，有很多的互相接触机会，有些人还经常和同学一起分享零食，所以这些接触传播的病毒特别容易在学校大规模暴发。

体液传播

在刚才介绍的那些传播方式中，病毒都能借助感染者的自身行为轻松离开感染者身体到达下一个宿主，比如感染呼吸道的病毒经过气溶胶或飞沫传播，感染消化道的病毒通过排泄物或呕吐物传播，还有一些感染皮肤或眼睛结膜的病毒可以通过水疱脓液或眼睛分泌物传播。但是，如果病毒不能利用上面这些手段离开人体，它们通过什么方法传播呢？刚才介绍过，很多病毒会被释放到感染者的血液中，其实不光是血液，其他体液，包括乳汁、脑脊液、淋巴液等，也可能含有很多病毒，而很多病毒也会借助体液进行传播。比如巨细胞病毒就可能通过母亲的乳汁传播给吃奶的婴儿。而人类免疫缺陷病毒、乙型肝炎病毒和丙型肝炎病毒等，更是把血液传播作为它们的主要传播方式，被病毒污染的针头刺伤、和病毒感染者共用针头，都是常见的传播方式。不过，在正常情况下，我们不需要过度担心与艾滋病患者或者肝炎患者的日常接触，常规的握手、拥抱、交谈，哪怕一起吃饭，都不会感染这些病毒。但是，在极少数情况下这些病毒可能存在于唾液中，当一起吃饭的时候，如

63　Epstein-Barr virus，缩写为EBV。

果我们的口腔内正好有溃疡或伤口，还是有一定概率被感染的，只要做好合理防护，比如分餐而食、公勺公筷，感染概率会非常小。所以，我们不必要也不应该过度恐慌。此外，前面提过的狂犬病毒，也可以藏身于带毒动物的唾液，借带毒动物咬伤或舔舐伤口的机会，四处传播。

虫媒传播

还有一些病毒需要借助动物作为媒介才能从一个人传播到另一个人。在介绍这种情况之前，我想先提一个问题，大家知道世界上杀死人类数量最多的动物是什么吗？并不是凶猛的狮子、老虎，也不是剧毒的蝎子、毒蛇，杀死人类最多的恰恰就是看上去弱不禁风、毫不起眼的蚊子。据统计，每年有超过70万人因为蚊子叮咬而死亡。不要误会，蚊子并不是因为吸血而直接致人死亡的，比起那一点点被吸走的血，更加可怕的是蚊子在吸血时向伤口里吐的"口水"。为了避免血液凝集堵住自己的嘴巴，蚊子一边吸血还一边向我们的伤口里分泌抗凝素。与此同时，蚊子体内的各种病原体也随之进入了我们的身体，有些可能引发严重的疾病甚至致人死亡。蚊子传播最严重的病原体之一就是导致疟疾（俗称打摆子）的元凶——一种叫作疟原虫的微小寄生虫（并非病毒），2022年造成超过60万人死亡。除寄生虫外，黄热病毒、登革病毒、乙型脑炎病毒、寨卡病毒、西尼罗病毒等都是典型的借助蚊子传播的病毒。这些病毒比较特殊，它们既可以感染人体细胞，也能感染蚊子的肠道和唾液腺细胞。如果蚊子叮咬被病毒感染的病人，就会把病人血液中的病毒一起吸进体内，它们会在蚊子肠道大量复制，还会感染蚊子唾液腺。但是这些感染并不会对蚊子造成太严重的影响，这些蚊子们还是继续飞来飞去，开开心心地带着病毒去四处吸血。当它们叮咬下一个人时，在唾液腺中复制的病毒就会随着蚊子的口水一同进入人体内，导致人体感染。除了蚊子以外，俗称草爬子的蜱虫也是一种能够传播多种病毒和其他病原体的恐怖昆虫。森林脑炎病毒（又称蜱传脑炎病毒）、发热伴血小板减少综合征，还有中国科学家在2019年鉴定的一种新病毒——阿龙山病毒都可以通过蜱虫传播。这一类病毒往往都是以蚊子、蜱虫等节肢动物作为媒介传播的，所以也被称为虫媒病毒。

以上介绍的都是病毒的水平传播途径，可以理解为传播者和被传播者两个人呈现"吕"或"叩"字形时的传播形式。但是，还有一种特殊的情况，两个个体的空间位置类似于"回"字形。就是婴儿在母亲肚子里的状态。病毒经过母亲直接传播给胚胎的过程，是从上一代直接传播给下一代，因此被称为垂直传播。

垂直传播

婴儿出生前安全舒适地居住在母亲的肚子里，受到母体的层层保护，一般不太容易通过常规的途径被病毒感染。但是，有些种类的病毒在感染母亲之后，有可能通过母亲直接传播给还在肚子里的宝宝。在垂直传播中，病毒不需要离开母亲的身体[64]，就可以直接穿过胎盘屏障感染正在发育的胎儿。在肚子里的胎儿正处于发育的关键时期，分外脆弱，任何微弱的扰动都可能影响胚胎发育，造成先天性的疾病，甚至直接导致胚胎死亡。所以，这些能够垂直传播的病毒往往可能严重影响胚胎发育，甚至造成胚胎先天发育畸形。为了保证自己尽可能以健康的状态去迎接新生命的来临，备孕女性在怀孕之前经常会做一个被称为TORCH筛查的检查项目，其中T代表一种叫作弓形虫（Toxoplasma）的寄生虫，R代表风疹病毒（Rubella virus），C代表巨细胞病毒（Cytomegalovirus），H代表单纯疱疹病毒（Herpes simplex virus），而O则代表包括水痘-带状疱疹病毒、人类细小病毒B19、柯萨奇病毒等几种其他病原体（Other）。这些都是非常常见的可能垂直传播而且可能对胎儿造成严重影响的病毒或其他病原体，提前检测备孕女性是否感染这些病原体，可以帮助她们更好地提前规避可能的风险。

2015—2016年在南美洲流行的寨卡病毒，不仅可以通过蚊子叮咬而传播（虫媒病毒），同时也是一种典型的可以垂直传播的病毒。怀孕的准妈妈经蚊虫叮咬感

---

64 或在离开之后的很短时间以内。

染寨卡病毒后，这种狡猾的病毒还可以侵入胎儿正在发育的神经系统，并影响大脑的发育，最终导致胎儿的大脑皮层明显小于正常情况，同时伴随智力低下等症状。在寨卡疫情发生的一年时间里，仅巴西一个国家就有6000多名新出生的婴儿被诊断患有小头畸形。这些病毒的垂直传播，不仅造成了新生儿的痛苦，也给整个家庭带来了沉重的负担。

病毒在人群之间传播的途径多种多样，而且很多病毒往往不会局限于使用单一的传播方式，而是多管齐下采用多种不同的方式进行传播。比如乙型肝炎病毒就可能通过消化道和血液传播，而新冠病毒可能通过呼吸道和消化道甚至黏膜传播。因此，一旦有新病毒大范围传播，科学家们需要在第一时间尽快了解病毒的传播方式，以便有针对性地制定有效的防疫策略并采取措施，先从传播途径上减慢或阻断病毒的快速扩散。

病毒怎么从一个物种传播到另一个物种？

那么，猪流感、禽流感等疾病的病毒，主要通过狗传播的狂犬病毒，还有刚才说过的通过蚊虫叮咬传播的种种病毒，这不都是感染动物的吗？这些病毒好像并不是直接从一个人传到另一个人，而是从其他动物传给人的啊？没错，有些时候，病毒可以实现跨物种传播，从一个物种传给另一个物种。接下来，就介绍一下这种情况。

人畜共患病毒和它的传播

病毒感染细胞有很多要求，既要这个细胞的表面受体匹配病毒的"抓手"，又需要细胞工厂符合病毒的复制需求。而不同物种的细胞自然也有一定的区别，所以病毒能够感染的物种范围也是有限制的。

目前已经鉴定的可以感染人类的病毒有300多种。其中，只有不到一半只感染人类，而不能感染任何除了人类以外的其他生物。比如之前提到过的乙型肝炎病毒除了人以外就只能在人工条件下感染和人类接近的黑猩猩，而巨细胞病毒甚至连黑猩猩都不能感染。所以这些病毒只能在人类之间互相传播，只能从一个人传播到另一个人。

但也有一些病毒，不仅可以感染人类，也能够感染其他动物，主要是和我们最为接近的哺乳动物和部分鸟类，并能造成相互关联或症状类似的疾病。这些疾病被称为人畜共患病，而相应的病毒则被称为人畜共患病毒。比如狂犬病毒就是一个典型的例子。虽然叫作狂"犬"病毒，但是它能够感染不同种类的动物，哺乳动物是最适合狂犬病毒感染和传播的对象。有研究认为，它可以感染几乎所有的温血动物甚至鸟类。在自然环境下，狂犬病毒在狼、狐狸、浣熊、蝙蝠等野生动物之间传播。当这些野生动物接触到猫狗等宠物或者猪牛羊等家畜时，狂犬病毒也能够传播给这些与人类接触更密切的家养动物。一旦这些带毒动物咬伤我们，狂犬病毒就可能经过动物的唾液进入人体，引发人体感染后导致狂犬病。狂犬病是一种非常可怕的疾病，如果人在感染之后不及时治疗，一旦发病，死亡率接近百分之百。

除此以外，我们生活中常常听到的禽流感病毒和猪流感病毒也是很可怕的人畜共患病毒。鸟类可以长途迁徙，容易把禽流感病毒四处传播。而猪、家禽和人类生活密切相关，因此增加了猪流感病毒感染人类的机会。这些动物的流感病毒一般不容易感染人类，但是它们通过超强的突变能力，很可能变出适合人类细胞的病毒"钥匙"，一旦攻破感染人类的细胞大门，就可能引发严重呼吸系统疾病，甚至导致死亡。而借助流感病毒超强的基因组重组和重排能力，当感染同一个物种的时候，动物的和人的流感病毒很可能会互相"交流"作恶经验，把自己的遗传物质相互交换"取长补短"，从而创造出更恐怖的高传染性、高致病性的新流感病毒。所以，世界各国都设置了专业的疾病预防与控制部门，全球合作坚持对禽流感和猪流感进行密切监控，及时关注和跟踪任何可能出现的新疫情。

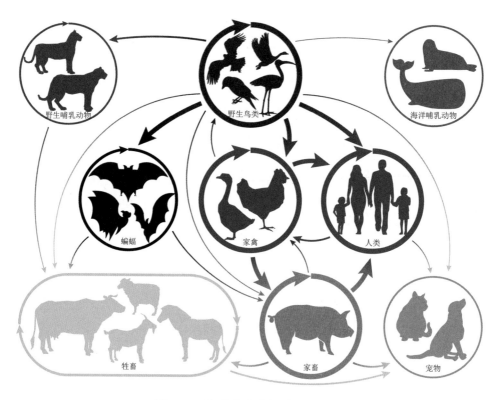

图4-3：流感病毒在物种间的传播

  特别需要指出的是，蝙蝠也是一种著名的病毒携带和传播者。第一，蝙蝠是唯一会飞的哺乳动物，行动范围很大，非常容易把病毒散播出去。而且有些蝙蝠的生活环境和人类相互重叠，很容易直接把病毒传给人类，或者以其他和人接触更密切的动物为媒介，间接把病毒传给人类。第二，蝙蝠属于哺乳动物，和人有一定的相似性，所以很多感染蝙蝠的病毒也能感染人类，还有可能引起非常严重的人类疾病，甚至导致人死亡。第三，蝙蝠体内存在很多种不同的病毒，但是得益于蝙蝠超强的免疫系统，这些病毒的复制受到压制，几乎不导致蝙蝠产生疾病（很多科学家正在努力研究，尝试解开蝙蝠百病不侵的秘密）。蝙蝠体内的各种病毒会有很多的机会互相"交流作恶经验"，由此可能产生出更容易传播和致病的新病毒。对于蝙蝠这个会飞的病毒训练营和储备库来讲，向人畜传播狂犬病毒只是常规操作，它还能造成更严重的病毒疫情。比如，让人闻之变色的埃博拉病毒就源于蝙蝠；2003年的SARS疫情发生是因为蝙蝠把病毒传给果子狸，再感染食用、饲养或销售野生动物的人，然后通过人与人之间传播扩散开来；2012年的中东呼吸综合征冠状病毒是因为蝙蝠把病毒传播给骆驼，然后骆驼再传给密切接触的人，最后导致疫情暴发；2018年印度暴发的尼帕病毒疫情则是蝙蝠把病毒传播给圈养的猪，然后再经过猪传播给人类。

病毒从一个人传播给另一个人可以通过很多不同的途径。与之类似，人畜共患病毒从动物传播给人的时候，同样也可以通过染病动物的唾液、飞沫、排泄物传播，蚊虫也是常见的传播媒介。另外，染病动物的皮肤上有时也会藏匿大量的病毒，能够传染给人类，所以直接接触这些东西可能会被传染。而染病动物的尸体或肉类同样是重要的病毒传染源，因此我们一定要注意不要随意接触，更不能食用野生动物。

病毒跨物种传播

对于那些既能感染人类又能感染动物的病毒，我们很容易理解它们的传播，无非就是从动物传播到了人并造成感染。但是，为什么一些原本只在动物中传播的病毒会突然开始感染人类，造成严重疾病，并且暴发疫情呢？比如2003年发现的SARS病毒和2019年年底发现的新冠病毒，都是如此。

还记得病毒感染的两个必要条件吗？一是病毒能够进入细胞；二是细胞必须支持病毒复制。病毒如果想要从感染动物到跨越物种之间的屏障变得能够感染人类，同样面临上面两个问题。不同物种的细胞肯定有一定差异，而物种之间的亲缘关系越远，物种差异越大，细胞的区别也越大。病毒进入细胞的过程，需要病毒表面的"钥匙"识别细胞表面的受体"锁"，这个类似于钥匙开锁的过程，需要比较准确地配对。因此，可以攻破鸟类细胞大门的禽流感病毒的钥匙，很可能无法和人类细胞表面的"锁"受体配对。此外，这个病毒在跨越物种屏障的时候，还需要能够利用全新的细胞环境进行复制，这点就更加困难了，毕竟细胞工厂不同，里面的蛋白质机器不同，病毒利用细胞复制的方式也必须相应地发生改变。

所以，病毒跨越的物种距离越近，病毒跨越物种感染需要发生的变化就越小，跨越物种感染的过程就相对更加容易成功。很多灵长类动物，比如猴子、猩猩等携带的病毒都可以感染人类，就是因为我们和它们之间的物种差距较小。不过好在人类和其他灵长类动物直接接触的机会并不多，因此很少发生相互的病毒传播。如果亲缘关系相距较远，病毒就很难直接跨越物种屏障感染。比如禽流感病毒和猪流感病毒，在绝大多数情况下都不太容易直接感染人类并且导致疾病。

但是，请注意，概率很小不代表一定不会发生。禽流感病毒和猪流感病毒有一个近亲，即感染人类的流感病毒，它们之间虽然存在一定区别，但差异并没有大到像难以逾越的鸿沟。依赖强大的突变能力，禽流感和猪流感也有一定概率突然获得感染人的能力，甚至还可能导致严重的人类疾病。此外，不同种类的流感病毒还会感染同一种动物，那么这些流感病毒的基因组可能会进行交流，获得感染人类的能力。所以，各个国家的传染病监控部门和疾病预防与控制机构会花费大量精力监控禽流感和猪流感，一旦发现动物疫情就会立刻将其扼杀在萌芽状态，以尽可能地减少这些病毒传播给人的机会。

病毒通过基因组的改变而变化

由此看来，病毒从只感染动物，发展到能感染人的过程并不算常见。偶然出现的病毒跨物种传播，往往是因为这些病毒本身就有能感染人类的近亲，而且它们之间差别不大。那么病毒跨物种的转变过程究竟是怎么发生的呢？

在继续介绍之前，咱们先来看看暴力破解密码的过程。假设我们面前有一个宝箱，上面有个密码锁，我们必须破解密码之后才能得到里面的宝藏，那我们应该怎么做呢？猜！在没有任何其他提示的情况下，只能随机猜了！如果这个密码只有1

位，那就太简单了，0 ~ 9这10个数字，最多尝试10次，一定能够猜中。如果是3位密码，也好办，从000 ~ 999，假以时日坚持不懈地努力，最多尝试1000次也可以胜利。但是，假如这个密码一共有30位，有可能一直靠"猜"尝试下去吗？那可是一共有10^{30}种可能性啊，即使每秒测试1万个密码，也得猜上320亿亿年才能完成，这比宇宙至今的年龄还要长得多，基本上不可能破译了。但是，如果我之前曾经破译过一个密码箱，手头已经有了上一个密码箱的密码，而现在的密码箱和上一个密码箱的密码前10位是相同的，那么我就只需要再继续破解20位密码了，也就是还剩下10^{20}种可能性。如果还是每秒钟测试1万个密码，那么只需要3.2亿年就能测试完成了。嗯，好吧，虽然情状有所好转，但仍然前途渺茫。假如现在的密码和之前的密码相似性很高，有20个数字都是一样的，这样就只需要找出10位不同密码就可以了。这一次，用同样的测试速度只需要不到12天就能破解这个密码，得到其中的宝物了。虽然仍要经过长达12天的不停努力，但这种情况下暴力破解密码已经不再是不可能的任务了。

病毒从一种动物感染另一种动物这个跨越物种感染的过程，也和上面这个暴力破解密码的过程有一些类似的地方。细胞就像是密码箱，细胞表面的受体"锁"与细胞内部的环境共同组成了复杂多变的密码。而病毒则需要通过改变自己的遗传物质，以改变病毒表面的"钥匙"和利用细胞工厂的方式，试图让自己匹配新细胞的"密码"，从而进入细胞并且复制。这个过程不正像病毒破解复杂的细胞密码获取宝藏一样吗？本书之前提到过，病毒的基因突变速度很快，而且复制能力极强。每次复制时，病毒的基因都产生一些随机突变，就好像在一长串密码中随便修改了少数几位数字。如果这些带有微小改变的病毒遇到了细胞，就会尝试进入细胞开始复制，类似于测试密码的过程。如果改变以后的病毒无法进入新的细胞开始复制，就相当于密码测试失败；如果某个病毒运气比较好，在新细胞中成功地复制出了自己，密码就终于被破解了。

但是，细胞是一个超级复杂的有机体，复杂程度很可能远远超过30位的密码。而病毒跨物种传播到一个完全不同的细胞的过程，就和破解一个超级复杂的密码一样，常规情况下基本是一个不可能完成的任务。

不过，病毒也并不是从零开始白手起家来破解密码的，毕竟病毒已经能够感染上一个物种的细胞了，可以看作已经掌握了上一个宝箱的密码。那么，当病毒感染新物种的时候，就不需要从头开始破解新细胞全部密码，而只需要重新破解两种细胞宝箱密码中不相同的那一部分了。如果新老两个动物的亲缘关系非常遥远，细胞区别很大，密码重叠就比较少；对于比较接近的物种，细胞差异相对较小，密码重合度比较高，需要重新破解的密码就会更少，这时病毒跨物种传播的可能性就更大了。所以，感染植物的病毒几乎不能感染人，因为植物细胞和人类细胞的区别太大，密码的差异巨大到无法被破解。许多感染黑猩猩的病毒也能感染人，就是因为两者之间的细胞密码区别较小。对于感染其他哺乳动物的病毒，比如说可以感染猪的猪流感病毒，虽然最开始无法感染人类，不过因为猪和人都属于哺乳动物，二者细胞相似度相对较高，密码重叠较多，在病毒强大的突变能力和复制能力加持下，终究有可能碰巧产生了某种正确的密码组合，从而完成病毒从猪跨物种感染人类的过程，导致人类的流感疫情大暴发。

物种频繁接触帮助病毒传播

暴力破解密码的关键之处就在于"猜"和"试"，假如只能"猜"却没有机会测试，自然也不能完成任务。病毒跨越物种传播也是如此：一方面要求病毒产生大量的基因突变，这就是"猜"的过程；另一方面也要求这些新的病毒能够频繁地接触人类，才有机会"测试"这些新的突变是否能够感染成功。因此，物种之间的频繁接触对于病毒跨物种传播也同样重要。

SARS病毒、中东呼吸综合征冠状病毒、新冠病毒、尼帕病毒等，它们虽然都来源于蝙蝠体内，但都不是由蝙蝠直接传播给人类。蝙蝠作为一种野生动物，和人类直接接触的机会相对较少，所以它体内的病毒很难有机会在人身上测试"密码"。但是，蝙蝠很容易接触其他野生动物或家养动物，所以蝙蝠体内的病毒有很大机会在这些动物身上测试"密码"。一旦测试成功，这些病毒成功地跨过一次物种屏障，来到这些和人类关系更为密切、接触更加频繁的动物身上了。接下来，这些跨物种传播的病毒只需要故伎重演，借助这些媒介动物和人类之间的密切接触，继续测试新的"密码"，就有可能再完成一次物种跨越，开始感染人类。这些作为中间宿主的动物，可能是非法捕食的"野味"果子狸，它们传播SARS病毒导致了SARS疫情暴发；可能是当地人赖以生存的沙漠之舟骆驼，它们传播中东呼吸综合征冠状病毒，引起了中东呼吸综合征流行；还可能是农民饲养的猪马等家畜，它们传播尼帕病毒，造成了局部疫情。

虽然病毒可能通过迅速突变和频繁接触，从动物传播到人类，但是这个概率并不算大。野生动物离我们比较远，接触人类的机会不多，只要我们不主动去招惹它们，不用过于担心它们把病毒传播给人类。对我们威胁最大的，应该是那些能够感染频繁接触人类的动物的病毒。猫狗等宠物虽然和我们密切接触，但是作为家养动物，它们和野生动物接触的机会相对较少，只要定期按照规定进行狂犬病毒等的免疫，我们就不用担心。真正需要注意的是鸡鸭鹅和猪牛羊等家禽家畜，这些动物的饲养环境无法做到完全封闭，很容易接触到各种野生动物，也就更有可能被外来病毒所感染。一旦这些动物出现大规模病毒性疫情，病毒就可能感染饲养动物的农民、处理动物的屠夫、加工食用肉蛋奶的工人，甚至可能通过食物直接感染消费者。各国都专门设立了动物疾病防疫监控部门，和疾控中心负责监控人类的疾病一样，动物防疫监控部门负责监控动物的疫情和疾病，一旦出现任何可能蔓延的传染疾病，就需要立刻采取措施，避免疫情扩大。在监控过程中，既要避免疾病传播给其他动物造成经济损失，也要防止疾病传播给人类，威胁到人类的生命健康。

病毒如何让我们生病

病毒跨越重重险阻从动物传播到人，从一个人传播到另一个人，又历尽千辛万苦侵入了我们的体内，目的自然是感染我们的细胞，大量地复制繁殖新的病毒。我们的身体当然也不会坐以待毙，被感染的细胞会积极自救，身体内的免疫细胞也会大量增加，抵抗病毒的侵扰。我们之所以会生病，一方面是因为病毒感染细胞并复制繁殖，这个过程导致很多细胞死亡，影响了我们正常的生理机能；另一方面，我们生病时的很多症状，是因为体内的免疫系统攻击病毒，抵抗感染时的反应所造成的。

病毒建立感染的条件

病毒必须侵入我们的体内并成功建立感染之后才能令我们生病。但是这个过程并不容易，病毒成功建立感染至少需要满足下述3个要求：

第一，必须有足够数量的有感染能力的病毒颗粒进入我们体内。上文提到病毒在侵入我们体内的过程中需要冲破重重阻碍，这个过程风险重重，可以说是九死一生。如果只有一个或者很少几个病毒颗粒进入体内，很可能就没有机会感染，所以需要有一定数量的病毒同时侵入。比如常导致我们呕吐和腹泻的诺如病毒，一般被认为传染力超强，即便如此，也需要几十到上百个病毒进入我们体内才会引发急性肠胃炎（之后感染者可能会通过呕吐或粪便排出数百万甚至几十亿个病毒颗粒），其他病毒要建立感染，需要的病毒数量可能会更多。另外，病毒很容易受到环境影响失去活性，这种没有活性的"老弱残"病毒即使进入我们体内了，要么没办法进入细胞；要么不能复制繁殖，无法建立感染。所以，虽然我们在外界环境中时刻接触到大量病毒，但并不是每次都能被感染，更不是次次都会生病。

第二，病毒必须进入适合它复制的细胞，这点刚才已经介绍过了。病毒必须用自己的"钥匙"打开可以配对的"锁"才能进入合适的细胞,而这个细胞还必须支持病毒复制。如果感染植物的病毒进入了动物的体内,或者感染肝脏的病毒遇到了皮肤细胞,都只能望洋兴叹、无可奈何。

第三,建立感染关键的一点,病毒感染部位的抗病毒反应不够强大,无法抑制病毒感染。我们体内的免疫系统是抵御病毒感染的有力武器,每个细胞体内都有各种警报和抵抗装置,大量免疫细胞就像警察和军队一样时刻准备保护我们。病毒往往需要施展各种"诡计",蒙蔽或者麻痹免疫系统,以绕过免疫系统的监视,或者抑制免疫系统的抵抗,才能成功建立感染。营养不良、睡眠不足、压力过大,或者是生病吃药等因素都可能导致我们体内的免疫系统变弱甚至无法正常工作。这种情况下,病毒可能就会乘虚而入,在我们体内一步一步扩大自己的势力。

病毒感染直接引发疾病

为了解释病毒是如何让我们生病的,不妨先假设病毒已经成功侵入人体,感染了第一批细胞,并且产生了第一批新的病毒部队。

接下来,新产生的病毒会继续感染附近的细胞并建立"根据地",发展壮大自己的势力。如果闯过了最初的局部免疫系统抵抗病毒的阻击战,病毒就已经产生了一支初具规模的病毒部队。这时候,它们会继续扩大感染范围,侵犯更多的身体组织。比如流感病毒、SARS病毒、新冠病毒等会继续侵犯我们的下呼吸道及肺部深处,并大肆破坏;乙型肝炎病毒会深入肝脏的更多区域,把肝细胞当作自己的大本营;诺如病毒等肠道病毒会进入我们的肠道侵染肠道细胞;人类免疫缺陷病毒则会进驻CD4+T细胞中,破坏我们的免疫系统;而狂犬病毒则会一路向上钻进我们的神经系统……很多病毒还能多管齐下,兵分几路侵染不同的身体部位和组织。

在适合自己的组织和器官中，这些病毒大量地感染细胞，肆无忌惮地复制自己，导致感染部位的细胞大量死亡或受到严重伤害。想想看，如果肺部的细胞大量死亡，自然会影响我们的呼吸；肝细胞大量受损，我们就无法正常行使消化、解毒等功能；肠道细胞被攻击，我们就不能好好地消化食物吸收营养；免疫细胞数量减少，则会让我们无法应对外界感染，更容易得病；神经细胞受到伤害，我们的言行举止甚至思想、精神就会出现问题……兵分多路的病毒有可能同时影响不同的组织和器官。这个时候，我们就会出现各种各样的症状，比如咽喉肿痛、呼吸不畅、腹痛难忍、上吐下泻、面黄肌瘦、身体衰弱，等等。

更严重的是，有些病毒（如人乳头瘤病毒和爱泼斯坦-巴尔病毒等）甚至含有一些可能致癌的基因。它们感染我们体内的细胞后，除了直接通过复制对细胞造成损伤外，还能潜伏进入细胞，逐渐把被感染的细胞变成癌细胞。比如爱泼斯坦-巴尔病毒就可能会引起淋巴癌和鼻咽癌。在某些情况下，病毒虽然并不会直接把感染的细胞变成癌细胞，但因为病毒慢性感染并和免疫系统进行持久的拉锯战，导致被感染组织持续慢性炎症，从而癌变。比如乙型肝炎病毒和丙型肝炎病毒常因慢性感染而引发肝纤维化，进而变成肝硬化，最终可能导致肝癌的发生。

所以，病毒感染可以直接导致疾病的发生。但病毒感染造成的细胞损伤，并不是导致我们生病的唯一原因。

免疫系统攻击病毒引发疾病症状

我们的机体有着非常强大的免疫反应，足以抵抗绝大多数的病毒或其他病原体的感染。绝大多数情况下，我们身体的免疫系统能"御敌于国门之外"，在病毒感染细胞之前就通过各种手段阻止它们；即使少数漏网之鱼感染了个别细胞，免疫系统也能在第一时间成功围剿，避免感染扩大。但在少数情况下，病毒能够脱困，造成更大范围的感染，并和免疫系统抗衡一段时间，无论最后的战况如何，我们都会被各种疾病症状所侵扰。这时候的各种身体表现，则是由于免疫系统和病毒感染短兵相接所造成的。

第一批细胞被病毒感染的时候，它们就会向我们的身体发出警报。当这一批细胞因感染而死亡的时候，又会释放更强烈的警报信号。只要接收到警报，免疫系统就会开始行动。病毒感染会杀死细胞，细胞也会通过自杀的形式阻止病毒完成复制繁殖的进程。同时，还有一些免疫细胞会直接杀死被感染的细胞，避免感染范围扩大。而在这个过程中，部分免疫细胞可能会不分青红皂白，牵连邻近的没有被病毒感染的正常细胞，把它们一起杀死。有些完成攻击的免疫细胞也会很快死亡。在多重因素的共同作用下，初期的感染位置很快会出现大量细胞死亡，反映在我们的身体上，就是一些感染早期的轻微症状，比如咽喉肿痛（呼吸道感染）、皮肤疱疹（皮肤感染），结膜红肿（眼睛感染），等等。

如果来犯的病毒数量不多、复制能力不强、感染扩散速度不快，早期的病毒感染会很快被免疫系统彻底清缴，这些轻微症状也就逐渐消失，我们的身体会慢慢恢复健康。但是，万一病毒感染情况比较严重，复制和扩散速度很快，局部的免疫系统的抵抗难以为继时，感染部位的免疫细胞就会释放大量的警报信号向全身各处的免疫细胞求援，请求调动更多力量抗衡病毒感染。大量的免疫细胞部队向感染发生的位置集结，和病毒感染正面交锋。这些警报信号不仅征召了大量免疫细胞，同时也提醒我们的身体"现在有一场抵御外敌的重要战争，请大家全力协助"。于是，身体为了把更多的能量用于抗病毒反应，会主动减缓削弱其他生理机能，这时我们就会觉得疲惫不堪、无精打采、茶饭不思、昏昏沉沉。同时，我们身体的总指挥部大脑也会接收到信号，为了支援抗病毒免疫反应的攻坚战，大脑负责控制体温的区域就会发出指令，让身体体温升高。我们的正常体温是36.7℃左右，各种细胞在这个温度环境下能够正常地进行各项活动；而在长期进化的缠斗中，喜冷怕热的病毒也已经习惯在这个正常温度下利用细胞自我复制。体温一旦升高，细胞的工作能力大打折扣，不能在病毒胁迫下帮助病毒进行生产，而病毒的复制就会受到一定程度的抑制。但免疫反应即使在高温环境仍能在身体的支持下全力进行，甚至更加高效。此消彼长之下，病毒慢慢占据下风，逐渐被免疫系统扑杀殆尽。所以，很多病毒感染的初期，我们会出现一些轻微的疾病症状，会疲惫不堪，或者嗜睡、发烧。

在这场局部感染阻击战中，如果病毒没有及时被免疫系统压制，它们就会得陇望蜀，进一步通过各种方式继续向其他组织和器官发展。而第一次局部阻击战失利的免疫系统，也不会一蹶不振。相反，它们会重新部署，征召各种免疫部队重装上阵，向感染区域发起更猛烈的攻击。在激烈的斗争之下，被感染的细胞、将死的细胞、被激活的免疫细胞会发出各种各样的警报信号，这些信号激起了越来越强的免疫反应。于是，抗病毒战争进入白热化阶段，最开始的小规模局部战役逐渐发展成了大规模的全面战争。这时候，我们会出现各种各样的更严重的疾病症状，需要一些药物或者临床治疗的介入，帮助免疫系统取得胜利。在强大的免疫系统大军和药物治疗的外援支持下，绝大多数病毒感染都会败下阵来，我们的身体也会慢慢好转。

正常情况下，我们的身体会非常精密地时时调节免疫系统这把"双刃剑"，避免它攻击病毒的同时对我们的身体造成伤害。就好像古代的战士们击鼓进军、鸣金收兵一样。但是，为了尽快清除感染的病毒，免疫细胞难免过度紧张，不受正常的免疫调节机制的约束。它们不光针对被感染的细胞展开清除工作，也开始无差别攻击周围正常的细胞，而越来越多的攻击又会产生更多的警报信号。此时的"鼓声"越来越大，而"鸣金"的声音则被逐渐掩盖。这些警报信号就像滚雪球一样越滚越大，最后席卷全身，对机体造成严重影响，这种情况被称为"炎症风暴"。正常的免疫是对机体的保护，过度的免疫则会损伤机体。遭到病毒感染时，适当的警报能够调动机体细胞和免疫细胞的警惕，让它们积极应对感染；过于疯狂的警报可能会让细胞惊慌失措，机体无法正常工作，甚至开始使用极端情况下才会使用的"大杀器"。比如流感、SARS和新冠病毒感染中，就有很多患者因为炎症风暴导致呼吸道水肿，而大量的分泌物可能堵塞肺部，从而造成呼吸窘迫。同时，过度的警报也会导致血压下降和凝血亢进，严重时会引起休克甚至多器官衰竭。

除了炎症风暴之外，病毒感染所引发的抗病毒免疫反应还会出现另一种"过犹不及"的情况。如果我们被呼吸系统病毒所感染，那么这些病毒会重点攻击和潜伏在呼吸道和肺部这座"城市"的细胞工厂中。正常免疫情况下，免疫细胞部队只是定点攻击被病毒感染的工厂，不会对肺部组织造成太严重的损伤。即使偶尔出现过度反应，也主要局限在呼吸道和肺部，针对未被感染的细胞进行一些无差别攻击。然而，在过度免疫的情况下，免疫细胞会出现暴走状态，不仅横扫肺部组织中的所有细胞，甚至还会大杀四方，攻击其他无关组织和器官的细胞。比如，免疫细胞攻击关节会导致关节疼痛或类风湿性关节炎，攻击肠道细胞会引发肠炎，攻击神经系统会导致脑炎。显然，这种焦土政策会对我们的身体造成巨大伤害。

有些病毒无法完全取胜，但凭借着"潜伏"这种狡猾的策略，能够和我们的免疫系统长期僵持下去，变成持久的慢性感染。

看到这里，大家应该明白，病毒感染让我们生病，一方面是由病毒感染直接损伤细胞造成的，另一方面则是我们的身体和免疫系统为了抵抗病毒感染而产生的应对策略。在这场矛与盾的博弈斗争中，我们能做的就是好好休息，避免过度劳累，尽可能地把能量积攒起来提供给免疫系统抵抗病毒；同时，给身体提供充足的营养，以便为抗击病毒的免疫系统持续提供后勤保障。当然，在现代医学的帮助下，我们还可以使用药物帮助我们共同遏制病毒的复制，或者减轻我们的生病症状。

病毒造成的疾病类型

病毒是非常狡猾的，不同的病毒有不同的"谋生"手段。

上文提到，病毒复制速度很快，在很短的时间内就能产生大量新的病毒颗粒，同时激起比较强烈的免疫反应，引发或轻或重的一些症状，这种情况被称为病毒急性感染。很多引发急性感染的病毒都是秉承打了就跑的策略。它们迅速在我们体内造成感染，趁免疫系统没有大规模集结的时候，尽快复制大量新病毒颗粒，通过各种方式传到其他组织器官或者传播到体外，然后在免疫系统的强大攻势下乖乖缴械投降，被彻底清缴。此时，它们已经完成了复制和传播的过程，目的已经达到了。绝大多数情况下，急性感染引发的疾病症状持续的时间都不算太长，往往几天到十几天就会消失。导致急性感染的典型病毒就是引发普通感冒的鼻病毒。经常发生在我们身上的普通感冒，至少有一半是它所导致的。鼻病毒急性感染引发感冒时，我们会流鼻涕、咽喉肿痛、咳嗽，有时还会发烧、头痛、没有精神、食欲不振，不过休息几天后症状就会好转，接着就又恢复到生龙活虎的健康状态了。我们吃的感冒药往往只能缓解我们的感冒症状（减轻鼻塞、流鼻涕、头疼等），而不能直接针对病毒复制。真正帮助我们解决病毒感染的，还是我们自身的免疫能力。在某些情况下，病毒急性感染会造成很严重的疾病甚至引发死亡，比如SARS病毒、中东呼吸综合征冠状病毒，还有让人闻之变色的埃博拉病毒等，都有比较大的概率在急性感染期就造成严重后果。

假如免疫系统不够强大或者某些种类的病毒比较强悍，这时候，尽管承受着免疫系统的攻击，病毒仍有能力负隅顽抗。双方鏖斗之下，免疫系统无法彻底消灭病毒，但病毒也或多或少受到免疫系统的压制，无法像急性感染中的病毒那样大量复制，兴风作浪。这时，病毒和免疫系统长期处于胶着状态。病毒虽不能造成暴发式感染，但可能会长期维持低水平复制状态，在几个月甚至几年的时间里，虽然缓慢但是持续不断地释放病毒颗粒。被感染的细胞逐渐死亡或被免疫细胞杀死，但也有新的细胞不停地被感染。这种情况被称为持续性感染或慢性感染。病毒慢性感染的一个典型例子就是乙型肝炎病毒。一旦经过了最初的急性期，乙型肝炎病毒就会长期存在于我们的肝细胞里。它们在这里和免疫系统发生着长期、持久的小规模斗争，虽然不能全面暴发获得压倒性胜利，但也无法被彻底清除干净，所以就长期以低水平进行复制，持续向环境释放病毒。长期坚持服用针对乙型肝炎病毒复制的抗病毒药物，可以在很大程度上帮助体内的免疫系统抑制病毒复制，虽然仍然很难彻底剿灭病毒，把它们从体内清除干净，但至少已经可以极大程度上减少甚至阻止病毒释放，从而消除慢性乙型肝炎患者的感染性，也能控制病情进一步发展。不过，有时这种持续性的慢性感染会造成所在组织缓慢地出现不可逆的病变，比如乙型肝炎病毒慢性感染会造成免疫细胞持续性地攻击肝细胞，在反复的攻击—损伤—修复中，肝脏会逐渐变得纤维化，随着疾病的发展，还会逐渐变成肝硬化，最后有很大概率发展成为肝癌。

还有一种特殊的病毒感染形式，被称为潜伏感染。在初期的急性感染过后，一些病毒无力抵抗强大的免疫反应，所以就转变策略，采取了游击战的形式。它们偷偷地侵入部分细胞，安安静静地藏在这些细胞里，把自己的基因组也伪装成和宿主细胞类似的样子以避免触发警报。同时，它也尽可能地不复制自身基因组，也不指导细胞生产太多病毒蛋白质，就此转入"地下"。就像是一个潜伏在细胞内的间谍一样，静静等待着时机来临。什么时机？当身体因为压力、营养、休息、疾病、药物或者其他原因出现问题，导致免疫力下降，潜伏的病毒就会伺机出来兴风作浪了。在免疫系统正常的情况下，这些病毒只能缩头不出。一旦发现了免疫系统薄弱的漏洞，病毒就会立刻钻空子，迅速启动，争取尽快复制一批新的病毒，感染一批新的细胞。如果免疫系统再次警醒，开始铁腕镇压，病毒就会又一次藏入细胞，等待下一次机会。

单纯疱疹病毒就是潜伏感染的代表，这种狡猾的病毒感染了世界上大量人口。绝大多数感染者在幼年时就被单纯疱疹病毒感染了，但最初的感染可能没有任何症状，或仅仅只有类似于普通感冒一样的轻微症状，经常被人忽略。之后，单纯疱疹病毒就会静悄悄地藏在我们的身体里一个叫作三叉神经节的地方（就在头上的太阳穴附近）。如果它不出来闹事，我们谁都不会意识到该病毒的存在。在我们学习压力大或者熬夜工作的时候，有时候会觉得"上火"了，典型症状就是嘴角处会出现几个又疼又难受的小水泡。这就是潜伏在三叉神经节神经细胞中的单纯疱疹病毒，趁着压力和劳累导致的免疫力下降这个机会，迅速传播到我们的嘴角表皮细胞进行复制了。几天以后，这些小水泡在没有任何治疗的情况下可能就自动消失了，这时候千万别天真地以为是病毒被根除了，其实它们只是迫于免疫系统的压力，又跑回三叉神经节的神经细胞里潜伏起来了。就这样，潜伏的病毒实际上和免疫系统玩起了猫鼠游戏，时不时地钻空子激活自己，跑出来冒个头。千万不要以为潜伏病毒被激活后只会引起长水泡这样的无伤大雅的小问题。在某些情况下，潜伏的单纯疱疹病毒能沿着神经细胞的天线，直接走捷径钻进中枢神经系统里，引发病毒性脑炎。当免疫力严重下降的时候，这些病毒还有可能趁机兴风作浪，顺着血流走遍全身，造成全身系统性感染。

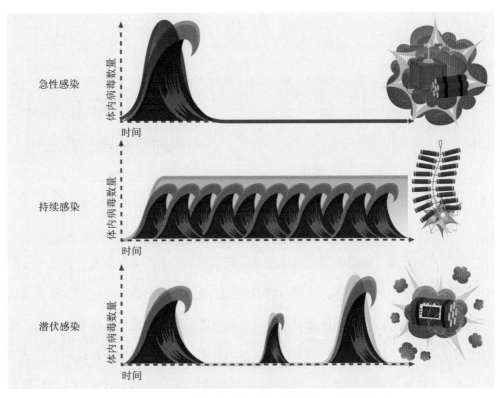

图4-4：不同感染类型体内病毒数量与时间的关系

第五章

人类对抗病毒的方法

为了复制繁殖，病毒需要感染细胞并借助细胞生产装配新的病毒。在这个过程中，病毒会对细胞造成破坏，进而可能引发被感染的宿主出现各种疾病。复制繁殖的下一代病毒又可以流行和传播，严重时甚至可能引发大规模疫情暴发。但是，到目前为止，人类（以及各种生物）在与病毒的长期缠斗中，虽然不敢说一直立于不败之地，但还未曾彻底失败过。想想也是，彻底失败了的物种早就被无情的自然界淘汰了。在长期的进化和斗争中，我们的机体已经发展出了一整套抵御并应对病毒感染的手段。那么，我们自己的身体究竟是怎么对抗病毒的呢？

进入文明社会以后，大量的历史典籍和文献记录了人类和各种传染病无数次的交锋。得益于人类的智慧，我们在与传染病的长期缠斗中积累了大量经验与教训，尤其是近百年来伴随着微生物学、分子生物学、免疫学、医学等一系列科学技术的高速发展，人们对传染病的了解和防治措施达到了历史上从未企及的高度，逐渐找到了更有效的也更科学的方法来对抗病毒及其导致的疾病。那么，倚仗科学技术的力量，我们又有哪些新的方法和手段能够对抗病毒呢？

我们的身体是怎么对抗病毒的？

看过了上文以后，你一定已经了解了病毒是怎么侵入到人体的。成功侵入人体只是病毒复制繁殖过程中的第一步。各种生物已经和病毒针锋相对地纠缠厮杀了千万年。在长期的斗争中，宿主也不会坐以待毙，它们同样发展了一整套应对外来病原体感染的机制。因此，进入宿主体内的病毒所面对的绝非一马平川，宿主不会让它们轻易地攻城陷地。接下来，病毒还需要穿过重重险阻才有可能接触到细胞。即使成功地感染了细胞，我们的身体也不会对外来入侵者坐视不理，在长期的进化中，我们的细胞和免疫系统已经建立了一整套协同作战的御敌机制，足以击退绝大多数的来犯病毒。

我们身体的物理和化学屏障如何阻挡病毒感染？

我们的体表天然存在着一层盔甲，可以抵御绝大多数的病毒的侵扰，这就是皮肤。普通成年人的皮肤组织虽只有薄薄几毫米，但总重量超过3千克，面积可达2平方米。皮肤直接和外界环境接触，具有保护、排泄、调节体温、感受外界刺激等多重作用，它可以说是抵御外界病原体侵入的第一道防线。这个全身最大器官的最外层是由已经死亡的扁平细胞组成的角质层，这些组成角质层的细胞内已经没有任何细胞结构，而是填充着角蛋白（角蛋白也是头发的重要组成部分），一层层角质细胞像瓦片一样互相交错重叠地紧密排列着，周围还围绕着丰富的脂质，不仅坚韧而且防水防油，是一道强大的保护屏障。对于多数病毒来讲，皮肤就像铜墙铁壁一样难以侵入，角质细胞没有细胞结构因此不会被病毒直接感染，而病毒也很难直接突破角质层的防线侵入皮肤覆盖之下的细胞。有着这层坚固的盔甲保护，多数我们接触到的病毒都只能落在皮肤表面，并逐渐因为体外的恶劣环境而失去活性，不能再继续造成感染。

如果病毒绕开了皮肤这道防线，通过呼吸道进入人体，这个过程也不会太轻松。呼吸道（包括我们的鼻腔和气管等）就像一根分叉的管子一样把外界空气导入体内，表面遍布着黏膜细胞，它们可以分泌大量黏液。当我们打喷嚏和擤鼻涕的时候总能够看到这些黏液。黏液覆盖在呼吸道的表面，就像捕蝇纸一样把随着空气一起偷偷溜进来的灰尘、花粉、细菌和病毒等一起粘住。在黏液覆盖之下的一层细胞表面分布着大量被称为"纤毛"的毛刷，它们就像一把把小扫帚一样不停地向外做波浪状的清扫运动，慢慢把这些被粘住的外来入侵物扫到鼻腔或者喉咙。它们最后的命运就是作为鼻涕被擤出鼻子，作为痰被吐出体外，或者在不经意间进入消化道[65]。

被"吃"或者"喝"进体内的病毒，还有从呼吸道被"扫"进消化道的病毒，遇到的下一个关卡是一个大酸缸，也就是我们的胃。成年人的胃每天会分泌 3～5 瓶普通矿泉水（500毫升瓶装）那么多（1.5～2.5升）的胃液。胃液自带酸属性，甚至比我们蘸饺子的醋还要酸得多[66]，可以帮助人体消化食物。在这种具有腐蚀性的酸性环境下，绝大多数病毒都会败下阵来，被彻底消灭掉。即使有些病毒侥幸逃过酸腐蚀，它们接着还需要迎接胆汁的严峻考验。就好像肥皂可以洗掉手上的油污一样，胆汁所含的成分会破坏病毒的囊膜。即使极少数幸运病毒经受了上述考验，终于到达了肠道，这时候它又需要经受肠道碱性环境的考验，并穿过肠道表面可以黏住病毒的黏膜，才有机会遇到细胞。

除了上述这些物理和化学屏障，病毒还需要经受"生化武器"的考验。无论是呼吸道还是消化道的黏膜表面，都含有大量的蛋白酶，胃和胰腺等器官也能分泌大量的蛋白酶，它们可以破坏病毒衣壳和囊膜表面的蛋白质，从而对病毒造成严重破

---

65 虽然听起来很恶心，但实际上绝大多数的痰和鼻涕的确是被我们在不知不觉中"吃"掉了。

66 胃酸的主要成分是稀盐酸，胃酸的pH为1.5～3.5，硫酸的pH通常为0～1，而食用醋的pH为2.9左右。

坏。另外，黏膜的黏液和身体的血液中含有大量抗体，可以"抓住"病毒，阻止它感染细胞。疫苗的一个重要作用就是让机体产生抗体，抵御病毒或其他病原体的感染，关于这一点，本书后面会再详细介绍。

不过，有一些狡猾的病毒也会利用抗病毒机制造成感染。比如导致严重腹泻的轮状病毒，就必须被肠道内的蛋白酶处理之后，才能感染肠道细胞。2020年的一项研究发现，胆汁的分泌物可以促进小肠细胞吸收营养物质，而诺如病毒正好利用这个机会钻进细胞造成感染。它们正是利用了我们体内的正常生理机制来帮助自己侵染细胞。另外，冠状病毒感染肺部细胞的时候，需要用自己的刺突蛋白"抓手"抓住肺部细胞表面的"把手"，但要想进入细胞，还需要借助细胞表面的一种蛋白酶剪断"抓手"后，才能被推进细胞。

免疫系统如何抵抗病毒感染？

上文说的物理和化学防护可以算作病毒感染人体的"天险"。要保家卫国，除了依靠天险，更需要依靠严防死守的警惕群众和训练有素的精锐部队。我们身体的细胞内有各种警报系统，而免疫细胞种类繁多、环环相扣、各司其职，形成了一个非常复杂、强大而且智能的综合性保护网。免疫学是一个单独的学科领域，如果详细介绍的话，一本书也说不完，所以本书尽量避免展开太多细节，只简单谈谈和机体防御、抵抗病毒感染有关的基础内容。

被感染细胞自身的抗病毒反应

即使病毒成功地闯过了上文提到的几个"天险"，成功进入了合适的细胞，后续的感染进程也不会一帆风顺。被感染的细胞不是也不会成为任人宰割的"羔羊"。细胞里有各种各样的"传感器""监控器""报警器"，随时监控着细胞内的各种情况。一旦检测到病毒侵入，细胞就会立刻生产一种叫作干扰素的抗感染蛋白质。干扰素作为第一时间被拉响的红色警报，并不直接消灭病毒，而是迅速激活细胞内部各种各样的抗病毒免疫反应，通过侵入、生物合成、病毒组装等环节抵抗病毒感染进程，干扰病毒在细胞内的复制。这种抗感染蛋白质之所以被称为"干扰素"，正是因为它这种干扰病毒复制的能力。干扰素不仅能在细胞内部调动各种细胞机器积极抵抗病毒的复制，它还能被分泌到细胞外"鸣枪示警"，警告周围的细胞，让它们早早进入战备状态，为开启抗病毒免疫反应提前做好准备。附近的免疫细胞在干扰素的动员下，会立刻进入活跃状态准备开展抗病毒工作，同时也会发出各种警报信号。其他地方的免疫细胞也会响应感染位点发出的征召令，迅速赶到感染发生地驰援当地抗病毒反应。干扰素虽然不直接"杀死"病毒，但是它可以多管齐下，通过激活各种细胞的抵抗反应，严重干扰病毒复制进程，进而抑制病毒感染的扩大。不仅是人类，脊椎动物的细胞普遍存在干扰素反应，这是在长期的进化过程中，细胞逐渐习得的专门对抗病毒感染的手段。

干扰素具有很强大的抗病毒效果。不过道高一尺魔高一丈，有些病毒在与宿主细胞的长期战斗过程中，也发展出了对抗干扰素的手段。比如冠状病毒就专门"安排"了一些蛋白质负责对抗干扰素反应，一旦病毒进入细胞，这些"特种部队"蛋白质立即开展行动，迅速"切断"细胞内的传感器和报警线路，这样一来，就不能产生警报了，也就自然不能产生干扰素了。

在努力抵抗并鸣枪示警的同时，被感染细胞也会开始准备另一个大型行动——细胞凋亡。简单来讲，细胞凋亡就是细胞担心自己控制不住病毒感染，所以决定玉石俱焚，通过牺牲自己的方式彻底阻止病毒复制繁殖，从而避免感染范围扩大。同时，凋亡的细胞可以借助自己的"尸体"把感染自己的病毒信息"汇报给"免疫细胞，让它们提前认识这个病毒，进入战备状态以应对病毒感染。但是对于病毒来讲，假如自己还没完成复制就遭遇细胞凋亡，那之前付出的努力不就竹篮打水一场空了吗？所以很多病毒也发展出了抑制细胞凋亡的手段，千方百计阻止细胞牺牲，以保证病毒顺利复制。不过，如果细胞凋亡发生在病毒复制繁殖的后期，这时候新的病毒颗粒已经装配完成了，细胞凋亡反倒可以帮助病毒离开细胞释放到环境中，所以有些病毒也会在复制完成之后促进细胞凋亡，以帮助自己离开。总之，细胞凋亡是我们的身体对抗病毒感染的有效手段，而病毒也会为了自己的复制而针对细胞凋亡做出相应的调节。

先天免疫

上文介绍的都是抵抗病毒感染过程中的被动防御手段，细胞或机体通过这些方法和策略避免病毒入侵或者防止感染扩大。接下来要介绍的就是控制病毒感染的终极大杀器——免疫反应。免疫反应可分为两大类——先天免疫和适应性免疫[67]。

先天免疫可以认为是某些免疫细胞与生俱来的机体防御措施。参与先天免疫的细胞是机体在这个细胞产生时就已经确定好的，而不需要这个细胞经过后天的训练和学习，一旦细胞成熟就可以直接发挥作用。先天免疫的工作原则是"对事不对人"，因此没有太强的针对性，任何入侵体内的外来敌人，无论是细菌、病毒、寄生虫，甚至是花粉、灰尘，乃至扎进皮肤的小刺等，都会被作为外来异物被免疫细胞"乱棒打出"。先天免疫的细胞就像普通警察一样，只要见到坏事和坏人都要去制止，并不针对特定罪犯。

我们的体内专门有一支细胞部队负责先天免疫，其中不同的细胞类型有着不同的功能。比如，有的可以识别体内的哪些细胞不是我们自己身体的正常成分，然后对它们发动攻击避免外族入侵；有的能够检测出自身的哪些细胞被病毒侵入，然后把它们杀死避免感染范围扩大；有的可以把死亡或者自杀的细胞清理掉，避免它们影响其他细胞；有的负责释放更多警报信号招募更多免疫细胞前来帮忙；还有的负责在体内不断地吞噬组织和环境中的物质，来检测并提取外来入侵者（病毒）的信息，然后提供给其他细胞。这些细胞平时驻扎在体内的各个区域，也会在血液中四处巡逻，在检测到感染发生或者接收到细胞发出感染警报的第一时间（几小时之

67　先天免疫，也被称为固有免疫；适应性免疫，也叫获得性免疫。

内）就会迅速出警，立刻赶到感染地点，分工合作地对付入侵的病毒和被感染的细胞，争取把感染扼杀在萌芽状态，同时还会把病毒的各种特征——记录在案，并提交给负责适应性免疫的细胞。

在和先天免疫短兵相接的过程中，绝大多数入侵我们体内的病毒会败下阵来，甚至在我们产生感觉之前，战斗就已经结束了。不过，假如先天免疫没能及时控制住感染，适应性免疫就会出马了。

适应性免疫

和先天免疫相比，适应性免疫御敌的本领是细胞后天习得的技能，因为它必须在接触到特定病原体（比如细菌或病毒）之后才能产生并被激活。简单来讲，适应性免疫的细胞在产生的时候只知道它要去打击敌人，但不知道需要打击哪一个敌人，要在细胞发育的过程中，通过学习逐步认识到自己的敌人是谁。和先天免疫没有识别性的全盘攻击不同，适应性免疫可以集中优势力量只针对某个特定的敌人发起猛攻，因此能执行精准猛烈的打击。

适应性免疫中最重要的细胞类型是B细胞和T细胞。B细胞最初在鸟类一个叫作法氏囊[68]的免疫器官里被发现，所以就用这个器官的英文名称（Bursa of Fabricius）的首字母B命名。T细胞最初产生于胸腺，因此用胸腺（Thymus）的首字母T代表。我们的体内有一支庞大的B细胞和T细胞的军队，它们最擅长的就是盯人防守和靶向攻击，因此成了抗病毒的主力军和核心力量。和先天免疫细胞无差别的攻击不同，B细胞和T细胞可以记住并识别一个非常具体而详细的"特征"，从而有针对性地攻击带有这个"特征"的细胞或病原体。对于病毒来讲，这个"特征"则是病毒蛋白（严格来讲是病毒蛋白的某个或某些区域形成的一种特定形式的空间结构）。

大多数B细胞和T细胞都驻扎在淋巴结和脾脏等军营里随时待命，只派出少部分在身体内四处巡逻。先天免疫的细胞"警察"在感染发生的地区和病毒交火后，

---

68 意大利解剖学家希罗尼姆斯·法布里休斯首次发现了这个器官，因此该器官被称为法氏囊。

负责记录特征的"分析员"细胞可以把病毒本身或者病毒感染的细胞吞噬掉，在自己的"肚子"里把病毒从里到外、从头到脚仔细研究后，再把一些和病毒有关的小蛋白片段作为病毒的特征提取出来。接着，它们会迅速前往事发地附近的淋巴结"军营"，把病毒特征展示给"驻扎军"——B细胞和T细胞。接着，能够识别这些特征的B细胞和T细胞立刻被激活，通过一变二、二变四的分裂大量进行增殖，迅速产生出一支含有成千上万名士兵的大军，每个士兵都把这个病毒的特征牢牢地记在"心里"，心无旁骛地只识别带有这些特征的病毒和细胞，并专门针对有这个特征的敌人进行攻击。

B细胞属于炮兵，不直接到前线抗敌，而是通过产生抗体进行远程火力支援。B细胞产生的抗体是针对它所识别的病毒特征而专门研发并大量生产的，就好像精确制导导弹一样，可以结合所识别的病毒特定区域，从而阻止病毒颗粒继续感染其他细胞，这就是我们常说的病毒被抗体所"中和"，失去了感染能力。即使病毒已经进入了细胞内部，细胞还是会想办法把一些病毒的特征展现在细胞膜上，抗体也可以识别到这些病毒感染的蛛丝马迹，并引导其他免疫细胞攻击这个被感染的细胞。不过，总体而言，抗体主要的作用是御敌于"细胞城外"，在病毒感染细胞以后，细胞能做的事情并不算太多。这时候，就需要T细胞出马了。

T细胞士兵负责肉搏战。它们会直接前往感染发生地，短兵相接，直接近身攻击被病毒感染的细胞。只要杀死了被病毒感染的细胞，其中的病毒自然无法继续复制，这样就可以控制感染了。T细胞杀伤能力非常强大，一个T细胞可以连续杀伤多个被感染的细胞。所以T细胞又被称作杀手T细胞。

B细胞主要负责预防病毒感染，而T细胞负责最终控制已经建立的病毒感染。在完成病毒感染阻击战后，大量针对病毒产生的B细胞和T细胞士兵会因为精力耗尽而逐渐死亡，而剩下的细胞大军则因为暂时不再有同一个病毒来犯而被逐渐"裁军"。别担心，我们身体的新陈代谢和细胞更替是非常正常的，每时每刻都有大量新的细胞产生，也有很多的细胞被淘汰死亡。假如把所有这些在"战争"中临时扩增的B细胞和T细胞士兵一直保留着，那我们的身体根本没有足够的空间去容纳他们，也没有充分的营养去维持它们。有一部分存活的细胞士兵能长期记住所识别的病毒特征，它们不再是初出茅庐的新兵，而是久经沙场的老将，会时刻保持警惕，一旦再次遇到同样的病毒入侵，可以迅速被激活并增殖，尽快投入战斗，这就比初次抵抗时快得多了。这类细胞被称为记忆T细胞或记忆B细胞。

怎么预防病毒感染？

中国自古以来就有"治未病"的思想，也就是在没有生病的时候预防疾病的发生。现代医学同样有未病先防的原则，并且专门从医学体系中分化出了"预防医学"这门学科，研究如何通过讲究卫生、增强体质、改善和创造有利于健康的生产环境和生活条件，以此预防和消灭病害。现代医学的疾病预防虽然在具体内涵和实施方法上和古代的"治未病"有所不同，但它们核心观点是一致的，都是在疾病发生之前就先行控制，避免疾病的发生、发展和扩散。

那么对于病毒导致的传染病，应该怎么进行预防呢？

"杀死"病毒

所谓的"杀死"病毒，其实就是让病毒失去活性，不再能够进入细胞或者复制繁殖。应该怎么做呢？这又得说到病毒的结构了：病毒用蛋白质外壳包裹着遗传物质，有一部分病毒表面还有脂质的囊膜。病毒的蛋白质外壳和囊膜很容易受到湿度、温度以及其他化学试剂的影响。加热、干燥，酒精、含氯消毒剂（比如漂白粉、84消毒液等），还有肥皂、洗手液等表面活性剂等都可以破坏它们的结构，导致病毒失去活性，从而不能再继续感染细胞。所以，彻底煮熟食物、把水完全烧开、用酒精喷洒、用84消毒液浸泡擦拭、用肥皂或洗手液洗手都是非常容易操作而且行之有效的"杀死"病毒的方法。此外，病毒的基因组会受到紫外线辐射或臭氧所含的氧自由基影响而失去活性，这样的病毒进入了细胞也不能正常复制繁殖产生新的病毒。所以紫外线或臭氧消毒也是常见的杀灭病毒的手段。但紫外线和臭氧同样可能对人体造成一定伤害，在使用的时候一定要注意防护。

减少聚集

从古至今，每逢瘟疫暴发的时候，有一种非常简单而且行之有效的方法一直在被广泛施行，那就是隔离。现代生活中人与人之间的接触必不可少，而且随着城市化进程的加快，人口密度进一步增加，人们每天聚集在一起学习、工作、通勤、吃饭、娱乐，无形中为病毒传播提供了大量的机会。假如大家能够100%地避免与其他人接触，那么病毒就无法通过已经感染的病人传播给其他健康人。通过控制人口流动，避免人与人之间的非必要接触，能够避免健康人接触到引发疾病的病毒，自然就不会感染疾病，有利于保持健康。

但是这种方法在现实生活中很难完全实现，毕竟现代社会谁能够永远把自己独立于社会之外呢？所以，我们只能在一定程度上采取相对的隔离和减少聚集的措施，同时还需要尽力平衡这些措施对经济和生活带来的负面影响。

佩戴口罩

对于通过呼吸道传播的病毒，戴口罩也是有效的防范方式之一。感染者戴口罩能避免把病毒通过呼吸和飞沫传播扩散到环境中，可以保护他人；而健康人佩戴口罩则能够在最大程度上降低吸入病毒的可能性，从而保护自己。不过，口罩可不是装饰品，一定要用正确的方法，佩戴合适的口罩才能起到保护作用。如果因为憋闷而把口罩上沿拉到鼻子以下，空气中的病毒可以直接被露出的鼻子吸入，口罩自然无法发挥有效的保护效果。大小不合适的口罩无法正常遮挡口鼻；保护等级不够的口罩无法有效吸附并滤除病毒；呼吸时产生的水蒸气会使口罩逐渐被浸湿，因此超时使用的口罩无法继续发挥吸附病毒的作用，也就不能有效地保护我们了。新冠病毒感染流行期间，相信大家都已经非常习惯在公共场所合理佩戴口罩了，结果表明，不仅新冠病毒的传播被很好地控制住了，就连很多其他常见传染病（比如普通感冒、流感等）的发病率也明显减少了。

讲究个人卫生

良好的卫生习惯能有效阻挡病毒的传播，避免自己被感染。比如，当我们生病的时候，痰或者鼻涕等分泌物中可能含有病毒或其他病原体，随意处理可能会造成病毒传播，所以我们应该用纸擤鼻涕，把痰吐在纸上，然后包起来扔到垃圾桶里。打喷嚏的时候气流超强，可以把飞沫喷射到十几米的地方，一个人的喷嚏就能污染普通教室那么大空间的空气，所以我们在打喷嚏的时候一定要合理遮挡。如果用手遮挡，病毒会被喷到手上，之后如果直接用手去接触其他东西，就可能造成污染。比较合适的方式是用手帕，或者至少抬起胳膊，用大臂或者肩膀遮挡着打喷嚏。此外，如果我们不讲究卫生，随意堆放的垃圾可能滋生蚊蝇，它们也可能传播大量病毒和其他病原体，所以，保持良好的环境卫生也是预防病毒传播的重要手段。

保持饮食卫生、正确洗手

如果病毒是通过消化道传播的，那我们就需要预防"病从口入"。病毒大量存在于病人的排泄物、呕吐物中，如果这些含有病毒的排泄物和呕吐物没有得到合理处理，则可能会污染食物或水源，造成疾病大规模传播和扩散。因此，病人产生的污物和接触过的物品必须彻底消毒，从根本上减少病毒传播源。那么，我们自己怎么做才能不感染消化道病毒呢？这类病毒往往需要经口进入消化道，因此保持饮食卫生是首要之事。认真清洗水果蔬菜，完全煮熟食物，彻底烧开饮用水，这些都是避免病毒感染的有效手段。

此外，手部清洁（也就是洗手）是重中之重，我们一定要做到饭前便后勤洗手，摸脸抠鼻之前勤洗手。注意，这个洗手可不是随便用水冲一冲这种敷衍的"洗法"，而是用洗手液或肥皂认真按照"六步洗手法"洗够20秒，把手心、手背、指缝、关节、拇指、指尖全都洗得干干净净。

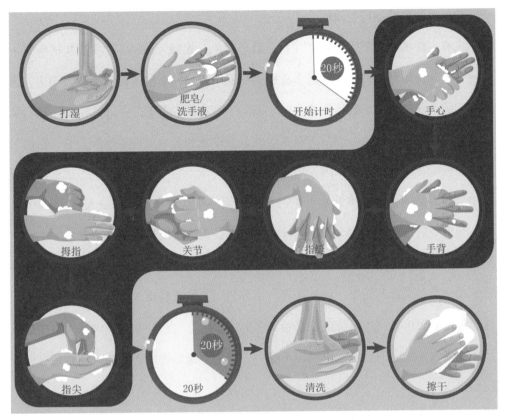

打湿　肥皂/洗手液　开始计时　手心

拇指　关节　指缝　手背

指尖　20秒　清洗　擦干

图5-1：正确的洗手方法

灭蚊除虫、管好动物

对于借助蚊虫叮咬传播的病毒，做好蚊虫的杀灭工作则是第一要务。黄热病的暴发就是依靠灭蚊工作才得以控制的。此外，我们还需要尽可能保护自己，避免被蚊虫叮咬。在野外或草地时，要格外注意蜱虫，它也能够传播多种病毒性疾病。对于狂犬病毒这类可能通过动物唾液传播的病毒，则需要避免被陌生动物咬伤或舔舐，万一不小心被猫、狗、狐狸抓伤或咬伤，务必在第一时间去医院检查，并遵从医嘱注射狂犬病疫苗。为自己的家养宠物注射狂犬病疫苗也是一个重要的阻断病毒传播的手段，这不光是在保护我们的宠物，也是在保护我们自己。

避免近距离接触野生动物

还有一件事情提醒大家务必注意，就是避免打扰野生动物，减少直接接触野生动物，不要食用野生动物。这是多次疫情暴发所得出的血淋淋的教训。要知道，很多严重的疾病都是由动物传播给人的。家禽、家畜和人类的关系非常密切，我们无法完全避免和它们接触，但因为有相应的监控措施和严格的检验检疫手段，它们对我们的影响在可以控制范围内。野生动物就不同了，它们快快乐乐地生活在自然环境中，和人类的生活原本井水不犯河水，即使这些动物身上存在使人致病的病毒，传播到人类的机会也不多。可随着社会的发展，人类逐渐挤占了野生动物的生存空间，大大增加了野生动物和人类接触的机会，同时也使我们有更多的可能性被来自野生动物的新病毒所感染。此外还有一小部分人，抱着猎奇的心态，非要把野生动物作为食物一饱自己的口腹之欲，美其名曰"野味""尝鲜"，这种做法无形中把自己和别人置于危险的边缘。所以，不吃野生动物不仅是在保护动物，同样是在保护我们自己。

提高免疫力

上文说的都是避免病毒入侵我们的身体、感染我们的细胞，但是假如病毒已经进来了，那就只好依靠我们的身体主动对抗病毒了。我们经常听到"免疫力"这几个字，在我看来，"免疫力"就是倚仗我们自身对抗病毒（和细菌等其他病原体）感染的能力。我们需要尽量保证丰富的营养、适量的运动、充足的休息、合理的生活习惯，以便为我们的免疫系统提供给养和能量，把这些免疫细胞养得兵强马壮。另外，时不时让身体的免疫细胞大军进行一些小规模的练兵，有助于避免它们懈怠，时时保持它们的警惕性。有研究认为，偶尔接触一下不至于让人生病的"脏"环境有助于维持免疫水平，不过"不干不净，吃了没病"的想法可千万不要过度，否则很可能导致"病从口入"。最后，重要的话说三遍，最有效的也是最重要的预防病毒性传染病的手段就是：**疫苗接种、疫苗接种、疫苗接种**。

疫苗是怎么预防病毒感染的?

我们体内强大的免疫系统时刻提供保护,使我们免受无处不在的病原体侵袭。先天免疫是无处不在的常驻警察,反应速度超级快,一有风吹草动就能立刻采取行动;适应性免疫则是战斗力超强的军队,一般不轻易出动,需要等待先天免疫征召调集才奔赴战场。先天免疫和适应性免疫紧密协作互相配合,能够战胜绝大多数的外来病原体入侵。不过,先天免疫反应速度快但杀敌能力略逊一筹,适应性免疫虽然强大,但需要1~2周才能集结完毕。如果一个狡猾的病毒能够借助这个时间差,利用闪电战战术钻个小空子,一方面抵挡住先天免疫反应的攻击,另一方面赶在适应性免疫发挥作用之前就抢先发难,大量复制繁殖。这样一来,即使强大的适应性免疫开始行动,可能也无法在短时间完全克制病毒感染。很多引发严重问题的病毒,都利用了这个小漏洞。

那么,有没有什么对策能够堵上这个漏洞呢?答案是肯定的。这就是我们每个人从刚出生就要开始接触的疫苗。

疫苗的发明

疫苗的发明无疑是人类和病毒(还有细菌、寄生虫等传染性疾病病原体)千百年的博弈中最重要的成就之一。在全世界范围内大规模普及疫苗接种,每年能够挽救很多人的生命,并令更多人免受传染病的侵扰。而这一切,都从一段人类团结努力最终战胜一种肆虐人间数千年的病毒的故事开始。

天花病毒和天花

天花是由天花病毒引发的一种古老而猖獗的烈性传染病,很早之前就已经在地球上出现。这是一种具有高度传染性的可怕病毒。它主要通过飞沫传播进行传染,病毒感染皮肤所产生脓疱(称为疱疹)中的脓液里也含有大量的病毒,可经过直接接触传播给其他人。天花病毒一旦进入人体，会感染皮肤，引发全身皮疹，还能感染骨髓、脾脏等重要的淋巴系统器官，导致感染者出现高烧、呕吐等症状，约1/3的感染者会在感染两周内痛苦地死去，幸存者也会因为全身的皮疹化脓结痂而留下永久性瘢痕。中国民间曾经流传过一句俗语"孩子生下才一半，出过天花才算全"，就表明了这种烈性传染病的凶险和超高的发病及死亡率。无论男女老少、贫富贵贱，任何人都可能感染天花。在没有有效治疗手段的古代（其实一直到现在也仍然缺乏非常有效的治疗手段），一旦感染了天花，就只能听天由命了。

人类感染天花病毒的最早证据，存在于距今3000多年前的一具木乃伊身上，他就是公元前1145年去世的埃及法老拉美西斯五世，在他的脸部、脖子和肩膀上，都发现了疑似天花病毒感染所引发的皮疹痕迹。除了这位法老以外，历史上还有很多位尊人贵的著名人物也都被天花病毒夺走了生命，比如英国女王玛丽二世、俄国沙皇彼得二世、法国国王路易十五、西班牙国王路易斯一世、中国清朝的顺治皇帝等。还有很多人虽然在感染天花后侥幸逃过死亡，但留下了终生的"麻子脸"印记，比如英国女王伊丽莎白一世、法国国王路易十四、清朝康熙皇帝等。毫无疑问，天花可以被列为人类历史上最可怕的传染病之一，在整个人类历史上曾造成了数亿人死亡，仅在20世纪就有约3亿人因感染天花而死亡。

中国古代的人痘接种法

在和天花的长期斗争中，古代中国人凭借自己的智慧总结了大量经验教训，进行了大量的积极尝试和探索。受限于当时的科学技术水平，其中有很多方法在现在看来都相当不靠谱，但其中也存在着不少具有奇效的方案。其中，针对天花肆虐所创立的人痘接种法，就是中国古代医学的重要贡献之一。

古代中国人发现了一个规律：人这一辈子只会得一次天花。如果染上天花不幸死亡了，显然这是一生中唯一的一次天花感染；假如侥幸生还，那么即使再遇到天花大流行，这个人也不会再次感染天花。现在我们知道，这是因为痊愈的患者体内有了对天花病毒的免疫力。对古代中国人来讲，虽然他们并不了解这里面的免疫学原理，但并不妨碍他们直接应用这个规律去防治天花。他们根据一人一生最多得一次天花的现象提出了一个假说：如果让病情较轻的天花病人去传染健康人，说不定不会造成被传染者的死亡，还能赋予他在痊愈之后终生不受天花侵害的能力。

古代中国人不仅提出了假说，还把假说投入实践，设计了一种方法预防儿童感染天花。这就是世界上第一种人工预防天花的方法——人痘接种法。简单来讲，就是把轻症天花病人皮肤疱疹里的脓液（痘浆）或疱疹结成的痂（痘痂）经过一定的处理并干燥粉碎之后，用管子吹进健康儿童的鼻腔里，从而人为地让健康儿童接触病原体感染天花。这些被接种的健康儿童可能会因为天花感染而生病，但往往并不严重，很快就会康复，并且终生不会再得天花。

据考证，古代中国人痘接种法流传自唐宋年间。当时四川河南一带的种痘技术已经日趋成熟。清朝医生朱纯嘏在他的《痘疹定论》里记载了一个小故事："宋真宗时丞相王旦，生子俱苦于痘，后生子素，召集诸医，探问方药。时有四川人清风，陈说：峨眉山有神医能种痘，百不失一。不逾月，神医到京。见王素，摩其顶曰：此子可种！即于次日种痘，至七日发热，后十二日，正痘已结痂矣。由是王旦喜极而厚谢焉。"在宋真宗时期，丞相王旦生了好几个孩子都因为感染天花而夭折，后来在生下孩子王素之后，痛定思痛吸取教训，请来四川省峨眉山的一位神医为他的儿子种痘，王素此后没有再受天花困扰，活到了67岁。在这一时期，人痘接种防天花的技术虽然已经建立，但主要在民间秘传，还没有大范围推广，所以应用并不广泛。

经过宋、元、明三个朝代近700年的不断发展和积累，大量有关种痘的医学书籍纷纷涌现，其数量之多，仅次于有关伤寒的著作。人痘接种技术终于越来越成熟，逐渐盛行起来。到了清朝，自身受过天花侵扰的康熙皇帝更是大力提倡和推广人痘接种法。康熙曾在他的《庚训格言》中说道，"国初人多畏出痘，至朕得种痘方，诸子女及尔等子女，皆以种痘得无恙。今边外四十九旗及喀尔喀诸藩，俱命种痘；凡所种皆得善愈。尝记初种时，年老人尚以为怪，朕坚意为之，遂全此千万人之生者，岂偶然耶？"其中就记载了推广人痘接种初期所受到的质疑，以及在人痘大范围推广之后所产生的显著效果。这一时期的人痘接种法成功率更是进一步提高。《痘疹定论》里宋真宗时期神医种痘的成功率是"百不失一"，也就是99%的成功率。而到了清朝，《种痘新书》中记载的成功率已经提高到了99.7%，"种痘者八九千人，其莫救者二三十耳"。

注意，这里的人痘接种还是要让健康人接触甚至感染天花病毒。尽管这些病毒是来自轻症患者，并且经过一定的处理，病毒致病率和致死率都已经大大降低，但毕竟还是有一定概率会造成接种者感染天花而死亡。《种痘新书》记载人痘接种有0.3%的失败率，也有些人认为人痘接种法导致的死亡率是3%。不过，无论是0.3%还是3%，比起自然状态下天花约30%的致死率，人痘接种法已经是了不起的飞越了。

人痘接种法传播到其他国家

法国哲学家伏尔泰曾经在《哲学通信》中写道，"我听说一百年来，中国人一直就有这种（接种人痘的）习惯。这被认为是全世界最聪明、最讲礼貌的一个民族的伟大先例和榜样"。这说明，中国人利用人痘接种法阻止天花在中国大量传播肆虐的成功经验，不仅使国人受益，也引起了其他国家的注意和仿效。

酒香不怕巷子深，好的经验自然会有人来学习。据文献记载，最早派人到中国学习人痘接种法的是俄罗斯，早在1688年就派出学生前来学习；1744年，中国医生访问日本时把人痘接种法首次带到了日本；1763年，朝鲜派使者到中国学习并带回了大量医学典籍，其中就包括人痘接种的方法和注意事项，在试验之后也获得了成功。

几乎在同一时间，人痘接种预防天花的技术也随着贸易交流，沿着丝绸之路向西传播，首先到达阿拉伯地区，接着慢慢流传到土耳其。土耳其的医生改进了人痘接种法，他们不再使用鼻腔接种，而是用针头划破健康儿童的皮肤，再用处理过的痘痂直接在破损的皮肤上摩擦。1721年，英国驻土耳其大使的妻子玛丽·蒙太古在跟随丈夫赴任时了解到这种方法，主动让医生为她年幼的孩子们接种了人痘。之后她回到英国又开始在伦敦积极推广人痘接种法。两年之后，人痘接种法受到英国王室的认可，开始逐渐在英国乃至整个欧洲普及，甚至出现了专门负责接种人痘的职业。由此，人痘接种法逐渐在欧洲流传开来。

琴纳发明痘苗预防天花

虽然人痘接种法已经可以帮助人类抵抗天花，但毕竟在接种过程中还有一定的概率导致健康儿童因感染天花而死亡。那么，能不能找到一种更安全的方案来预防天花呢？

接下来，爱德华·琴纳闪亮登场。

在学校学习的时候，琴纳曾接受了人痘接种，自那时起他就对这种神奇的预防手段产生了浓厚兴趣，由此开始了长期的观察、思考和研究。1773年，24岁的琴纳学成返乡，在英国小镇贝克利成了一名医生。在行医的过程中，琴纳注意到附近奶牛场的挤奶女工很少感染天花，这个偶然间的发现引起了琴纳的兴趣。在经过仔细询问和研究之后，他了解到，奶牛有时候会得一种被称为"牛痘"的传染病。患病的奶牛在皮肤上会出现很多脓疱，看起来很像人类患天花后产生的疱疹，但是牛痘是一种很常见而且温和的疾病，很少导致严重的后果。挤奶女工在挤奶时常接触到患病奶牛的脓疱，因此偶尔也会染上牛痘。她们的手部和胳膊上会出现一些破溃皮疹，但并没有其他严重症状。即使在天花流行期，这些感染过牛痘的挤奶女工也极少感染天花。得益于多年的思考和研究，琴纳敏锐地把牛痘和天花联系到了一起，并想到了接种牛痘预防天花的可能性。

利用自己作为医生的敏感性和作为科学家的洞察力，通过缜密的分析和理性的判断，琴纳认为可以利用感染后不致命的牛痘帮助人类预防天花。不过，利用牛痘防天花毕竟只是通过观察得出的推测，还要用科学的手段加以证明。1796年，琴纳的居住地再次暴发了天花。在此之前，琴纳已经花费8年的时间进行了大量关于牛痘接种的观察和试验工作，此时他认为自己已经积累了足够的实验证据和研究经验。为了帮助当地居民免受天花侵害，琴纳决定正式利用实验来证明他的牛痘接种预防天花理论的有效性。

在琴纳居住的小镇附近的奶牛场里，有一头名叫布鲁瑟姆的奶牛刚感染了牛痘，而挤奶女工莎拉·内尔梅斯给布鲁瑟姆挤奶的过程中也被牛痘所传染，右手上长了一些脓疱。琴纳给莎拉诊断后，认为她手上的脓疱是牛痘感染所致，并不致命。当时正值天花流行，正巧莎拉手上又有现成的牛痘脓疱。于是琴纳决定冒险进行实验。1796年5月14日，琴纳找来他家园丁8岁的儿子詹姆斯·菲普斯，在他的胳膊上挑破了一些皮，然后把从莎拉手上脓疱里收集的脓液抹进了菲普斯胳膊上刮擦的伤口里。菲普斯发了几天烧，便有惊无险地平安康复了。两个月后，琴纳又对菲普斯进行了接种，但这次用的是当地天花患者身上的脓疱汁液。接下来的几天时间，琴纳的心情应该是在胸有成竹和忐忑不安中来回切换，但其他人想必都是在揪心等待中度过。最后的结果让所有人都松了一口气，虽然菲普斯手臂上接种的局部区域出现了一些疱疹，但并没有出现全身感染天花的迹象。[69]后来，菲普斯的生活一切如常，娶了妻子，生了两个孩子，甚至还在1823年参加了琴纳的葬礼，最终活到了65岁。

世界上第一例利用牛痘成功预防天花感染的科学实验获得了成功，而挤奶女工内尔梅斯、小男孩菲普斯也和琴纳医生一起作为科学和医学史上的重要人物被永久

---

69 注意，放在今天来看，琴纳用人体做实验的做法并不符合医学伦理，但这与当时的政治社会等大环境有关。现在的疫苗、药物或其他医学实验，都必须符合严格的医学伦理规章制度，并且经过层层论证和严格审批之后才会进行。

记入史册。甚至奶牛布鲁瑟姆也成了历史的见证，它的牛皮如今仍然被收藏在伦敦大学圣乔治医学院里。

　　在此之后，琴纳用同样的方法先后进行了23个病例的研究，其中甚至包括他自己11个月大的儿子。所有接种牛痘的实验对象无一例外都成功获得了抵抗天花的能力。至此，琴纳医生花费了20年的努力，终于找到了一种接近完美的方法使人类免受天花侵扰，这就是牛痘接种法。相比于之前流传数百年的人痘接种法，牛痘接种法最大的优点就是安全性大大提高。人痘接种后可能导致0.3% ~ 3%的接种者感染天花而死亡，还可能引起全身皮疹，在接种者身上或脸上留下终身的痕迹。而人感染牛痘之后除了会引起轻微的淋巴结发炎之外，几乎没有任何其他影响，最多也就是在接种部位出现一个难看的皮疹印记，但比起生命，谁又在乎胳膊上的一个疤痕呢。

　　琴纳并没有把这种拯救世界的技术据为己有，而是无私地把它向所有人公开。1798年，为了向全英国宣传推广牛痘接种法，琴纳出版了专著《关于牛痘接种成因和影响的调查》。在书里，琴纳根据奶牛的拉丁文"Vacca"把他的痘苗称作"vaccinia"。琴纳一定没有想到，他发明的这种预防疾病的方法，以及他发明的这个词，会对后世产生多么大的影响。

消灭天花

　　因为痘苗较高的安全性和有效性，以及痘苗免疫接种的便捷性，它跨越千山万水逐渐传播到全世界。大量科学家通过前赴后继的努力，在琴纳发明的痘苗基础上慢慢优化改进，进一步提高效率、减少副作用，与此同时，大规模工业生产的手段和便于运输的工艺也在发展，人类终于将克制天花的疫苗变得日趋成熟完善。如果从中国的人痘接种法开始算起，天花疫苗历经千年，终于在近代得以淬火而生。

　　随着发达国家纷纷大力推行全民牛痘免疫法，天花的发病率在这些国家越来越低。到20世纪50年代时，北美和欧洲的很多国家甚至已经率先在本国根除了天花。

然而，新的天花病例从其他国家不断输入，导致这些国家无法独善其身。特别是一些不太发达的国家，无力负担疫苗的生产、保存、运输，更不用说全民接种了。根据统计数据，在1967年，全球40多个国家有超过1000万天花病例，并造成200万人死亡。

痛定思痛，一些有识之士意识到，虽然对于已经接种的人们来讲，疫苗可以帮助他们免于天花侵袭。但是对于全人类来讲，少数人接种疫苗并不能一劳永逸地解决后患。天花病毒始终像达摩克利斯之剑一样，悬在人类的头顶上，虎视眈眈地等待着机会，如果发现了没有注射疫苗的人，就可能随时发动攻击。另外，虽然牛痘暂时帮助人类克制了天花，但万一哪天天花通过突变绕过了痘苗所赋予人类的抵御能力，那无疑又将在世界上掀起腥风血雨。要想解除后顾之忧，就必须彻底消灭天花，把天花病毒从地球上抹除。

一定有人会觉得，把一种病毒从地球上彻底抹除谈何容易。没错，这确实不是一件容易的事情，但是这也并非天方夜谭。相较于其他烈性传染病病原体，天花病毒有几个特性使得科学家有信心能将它彻底灭绝：第一，天花病毒只能感染人类，不能感染任何其他物种，因此不会在物种间传播；第二，对于任何一个人，天花病毒只有一次攻击的机会，要么杀死感染者，要么再也无法伤害他，这对于人类是一个非常好的机会；第三，也是最重要的一点，天花可以被牛痘所预防，而且一次免疫，终身受用。如果全世界的每一个人都通过接种牛痘获得终生对天花病毒的免疫，那么世界上存在的天花病毒就将因为失去可感染的宿主，而被"饿死"。

科学家已经意识到，要把天花病毒彻底从地球上抹除，仅依靠个别国家的努力是无法完成的，必须全世界各个国家共同配合，联手进行。所以，经各国科学家和各国政府商定，世界卫生组织在1959年正式启动了一项史无前例的伟大工程——"天花根除计划"：希望通过为全世界至少80%的人口接种天花疫苗，从而让全人类一步步摆脱天花。

　　1967年，世界卫生组织发起"天花根除强化计划"。大道至简，这个强化版计划的具体执行方式就两个词：接种和监控。在全世界范围内大力推行天花免疫，同时统一行动，开展对天花感染的监控。说起来简单，但执行这个项目需要全人类共同配合，执行的过程无比困难。为了这个共同的目标，全世界各个国家有钱的出钱，有力的出力，有疫苗的出疫苗，能监测的做监测。经过10多年对天花的围追堵截，天花发病的记录越来越少。1977年10月26日，病愈出院的索马里厨师阿里·毛·马林成为世界上最后一例自然感染的天花病例。

　　经过两年半左右的认真排查和全球搜索之后，科学家们终于确认再没有任何新增的自然感染天花病例。于是，1979年12月9日，全球根除天花认证委员会的成员在"天花已经从世界上根除"的声明上签字。1980年5月8日，世界卫生组织在第33届大会上向全世界正式宣布：人类在全世界范围内消灭了天花。这是一个历史性的消息，也是人类战胜天花的宣言，曾经所向披靡的天花病毒，终于在全人类努力和团结下被斩草除根、彻底灭绝。

　　消灭了肆虐数千年的天花是人类对抗传染病的一个里程碑式的重大胜利，这场战役的胜利使人们有信心继续挑战其他威胁人类生命健康的烈性传染病。

　　在人类抗击烈性传染病的过程中，疫苗既是保护自己的盾牌，也是抗击传染病病原体的武器。

疫苗的发展与成熟

　　琴纳发明疫苗是医学史上的一个里程碑式的事件。但是，受限于当时的医学发展，琴纳并不清楚疫苗接种的本质与细菌或病毒等微生物病原体有关。直到几十年以后，随着科学家开始了解细菌、病毒等微生物病原体与疾病和感染的关系，人们才逐渐开始系统性地研究疫苗，而疫苗研发的技术和方法也慢慢发展建立并成熟起来。

1879年，巴斯德在研究鸡霍乱（一种细菌[70]引发的鸡传染病）时获得了一个重要发现：给鸡注射引发鸡霍乱的细菌，可以导致健康的鸡发病；给鸡注射"过期"的"老弱病残"细菌，则不会致病。更神奇的是，如果给这些没发病的鸡再次注射"健康"细菌，它们也不再发病了。但同样的"健康"细菌却使没有注射过"过期"细菌的鸡全体死亡。巴斯德以他敏锐的洞察力想到，这些"过期"细菌，可以作为疫苗保护鸡免受"健康"细菌的感染。接着，巴斯德和他的团队花了两年时间尝试了多种不同手段处理细菌，最终成功地找到一种方法，在降低细菌毒性的同时又能够保留这些细菌的保护效力，就此发明了鸡霍乱疫苗。他还进一步把这次成功的经验推而广之，并建立了完备的标准化流程将各种不同的细菌处理后作为减毒疫苗。利用类似的方法，巴斯德在1881年又制成了预防炭疽病的减毒疫苗。

琴纳用牛痘预防天花，是用一种病原体预防另一种病原体，它们必须是非常相似才能产生效果。而巴斯德通过人工处理一种病原体，让它能够作为疫苗预防同种病原体所引发的疾病，这显然大大增加了研发疫苗的可能性。巴斯德真正带给我们现代疫苗的发展思路。

1881年，巴斯德开始研究狂犬病。在病毒学说尚未完全建立的时代，巴斯德还不知道狂犬病的病原体是一种病毒。但通过细致观察，巴斯德发现病原体存在于患病动物的唾液和神经系统中，而反复将含有病原体的患病动物脊髓注射到兔子的脑子里，可以使病毒的毒性越来越弱。如果把这些患病动物的脊髓晾干，可以进一步降低其中所含病原体的毒性。将这些经过干燥处理的脊髓注射到健康动物体内，不仅不会令后者患上狂犬病，还能令后者获得对狂犬病的免疫力[71]。巴斯德认

---

70 现在我们称它为多杀巴斯德菌。

71 在这里必须说明，另一位法国科学家皮埃尔·维克多·盖尔提在狂犬病的研究和疫苗的发明过程中也做出了重要成绩。他在巴斯德研究狂犬病之前就发现并报道了狂犬病可以通过患病动物的唾液传播，甚至早在1881年就证明了狂犬病疫苗的可行性，并提出了概念性方案。

为，他的狂犬病疫苗已经在动物身上获得了成功。但是，这种疫苗是否可以帮助人类预防狂犬病呢？巴斯德在两位被患狂犬病的狗咬伤的病人身上进行了尝试，但很遗憾，这两个人仅接受了一次疫苗注射就病发身亡了。1885年7月3日，一名9岁的男孩约瑟夫·梅斯特被患了狂犬病的狗咬伤了，如果不进行任何救治，他在几个星期内必死无疑。万般无奈之下，男孩的母亲听从家庭医生的建议，找到巴斯德，恳求他用狂犬病疫苗救治自己的孩子，这很可能是这个孩子最后的希望。经过了两次失败，巴斯德有些犹豫，不过经过反复的考虑，他听取了医学专家们的建议，最终还是决定"死马当成活马医"，在7月6日为梅斯特注射了第一剂疫苗，在接下来的10天里，这名男孩又先后接受了多次疫苗注射。经过几十天焦虑和煎熬的等待，忐忑不安的巴斯德和孩子母亲终于松了一口气，梅斯特不仅没有发病，反而日渐好转，慢慢恢复了健康。后来，梅斯特在巴斯德研究所做了门房。梅斯特的获救表明，狂犬病疫苗终于获得了成功。一时间，巴斯德的成就传遍了法国，甚至轰动了全世界。

大家是否好奇，为什么最早尝试的两名患者没有得到疫苗的保护，而梅斯特却得到了？用现在的观点分析一下，主要原因可能在于注射疫苗的时间。前两名患者是在被病狗咬伤后经过了较长一段时间才注射的疫苗，当时他们已经被病毒感染，并开始发作狂犬病了。此时病毒已经大范围扩散甚至可能侵入了大脑，所以即使使用疫苗也无力回天。而梅斯特注射疫苗的时间相对较早，因此疫苗所诱导机体产生的保护作用还来得及阻止病毒继续扩散并造成更严重的感染和破坏。所以，我们现在被带毒动物咬伤后，也需要尽快去注射狂犬病疫苗，千万不要拖延。

还记得琴纳给他的痘苗命名为"vaccinia"吗？为了纪念琴纳的贡献，巴斯德把这种用于预防疾病的经过处理的病原体称为"vaccin"，并把这种预防传染病的手段统一叫作"vaccination"[72]。根据实际的意思，结合自古以来沿用的"瘟疫""痘

72　均为法语，英语分别是vaccine和vaccination。

苗""种痘"等说法,我们把它们分别翻译成"疫苗"和"疫苗接种"。

基于巴斯德利用"得小病防大病"的"减毒疫苗"方法,科学家们后来又逐渐发展出了利用病原体"尸体"作为疫苗的"灭活疫苗"手段,令疫苗的安全性得到了进一步提高。预防霍乱、肺结核、白喉、破伤风、鼠疫、伤寒、黄热病等一大批细菌或病毒性疾病的疫苗纷纷研制成功。从此,现代疫苗正式登上舞台,伴随科学技术的发展,疫苗的发展一步步走向成熟,更多不同种类的疫苗不断地被开发出来。

和病毒学发展以及其他学科发展一样,疫苗学和疫苗的发展,也不是仅依靠个别天才科学家的灵光一闪得来的。全世界多个领域的科研工作者群力群策,每人做好自己的一点点工作,攻克一个个技术难关,最终聚沙成塔,从而结成巨人的肩膀,后人才得以站在其上做出最终的科学突破。在这些伟大科学家被载入史册的同时,我们也不应该忘记默默无闻的广大普通科学工作者们。科学之塔上的明珠虽然璀璨耀眼,但是谁又能否认朴素而坚实的塔身和隐没在地下完全不可见的塔基的重要性呢!

疫苗的工作原理

无论是琴纳发明的痘苗还是巴斯德发明的疫苗,都是在并不完全了解它们具体作用机制的情况下,经过长期经验积累所产生的伟大发明。真正揭开疫苗工作原理的面纱,还要靠现代免疫学的建立和快速发展;而了解疫苗的工作原理,又能反过来指导科学家研发更有效也更安全的疫苗。

免疫系统的"实战演习"

免疫系统是保护我们不受外来病原体侵害的有力武器。但是有些狡猾的病毒往往能够利用先天免疫和适应性免疫之间存在时间差这个小"漏洞",引发一些疾病。如果这些狡猾的病毒比较"温柔",它们可能会"打了就跑",这样我们病了以后也能很快痊愈;但是假如这些来犯的病毒又"狡猾"又"狠毒",就可能给我们造成难以挽回的严重后果，甚至导致死亡。

发现了问题所在，那么应该怎么堵上这个漏洞呢？解铃还须系铃人，要想弥补免疫系统的这个小漏洞，还得从免疫系统自身来做文章。对于一般的入侵病原体，先天免疫不分青红皂白乱棒打出，这已经足以应付；但对于烈性致病的狠角色，还是要靠强大的适应性免疫出动专门部队。但是，适应性免疫系统平时都驻扎在淋巴结"军营"里，只有在收到先天免疫的调集通知，并经过学习培训，了解了敌人的特点后才会出动。那么，如果能在外来病原体入侵之前就让适应性免疫提前警觉起来，建立好专门部队，厉兵秣马，这样一来，当外来病原体真的来犯时，不就可以立刻行动，和先天免疫反应双管齐下，直接把外来入侵的病原体消灭在萌芽状态了吗？那应该怎么做才能提前让这些适应性免疫系统辨认出即将来犯的病原体特点，警觉起来呢？

大家在古装电视剧里一定看到过官府抓捕逃犯。他们是怎么做的呢？官府一旦发现有惯犯四处流窜作案，就会遍张文榜、画影图形，向各地衙门发出通缉令，详细说明这个惯犯的性别、年龄、身高、身材等各种特点，同时配有一张描绘相貌特征的画像。收到通缉令后，各地的衙役捕快就会提前警觉起来，他们会根据画像和特征紧密关注所有长相相似或具有类似特点的人，这样就有可能在惯犯流窜到本地并实施犯罪之前，提前把坏人绳之以法，避免他继续危害社会。

同理，我们也可以让免疫系统提前认识目标病原体，并进入戒备状态，这样就可以在病原体侵入的第一时间及时发挥作用。训练体内的免疫系统采用的是"实战演习"的形式，可以让已经降服并已归顺的敌人继续假扮敌人，也可以让自己人惟妙惟肖地模仿敌人最关键的特点或携带的关键特征信息。在演习过程中，免疫系统全员参战，由先天免疫把"敌人"的各种相貌特征和行动特点一一汇报给适应性免疫，提前让它们做好应对准备。通过演习实际操练过之后，适应性免疫已经集结了两支大军，其中的B细胞大军针对"敌人"的样貌特点产生的抗体就像精准的箭矢，专门识别那些样貌特点，一旦外来病原体入侵，这些抗体就会瞄准它们所识别的关键特点，直接命中目标，阻止外来病原体感染细胞；而T细胞大军则牢牢记住"敌人"样貌特征，随时准备进行贴身肉搏，消灭被外来病原体感染的细胞。

而疫苗，就在这一场"实战演习"中扮演敌人的角色。

天花病毒感染和免疫反应

现在，以用来预防天花的痘苗作为代表来介绍疫苗的工作原理。在这之前，先以天花病毒感染为例，回顾一下病毒感染和体内的抗病毒免疫反应。

天花病毒是一个"大魔王"级别的狠角色，专门对付人类。它跑得快、传得远，一感染就是一大片，而且一旦进了人体就开始疯狂杀戮，至死方休，即使感染者侥幸生存也得让他变成麻子脸，留下病毒感染永久的记号。天花病毒之所以这么猖狂，就是因为它在我们体内的免疫系统还没有做好应对准备时就乘虚而入，打我们个措手不及。

当天花病毒大魔王进入人体后，它会迅速开始感染细胞并持续攻城略地，大杀八方。先天免疫的细胞会像本地衙役捕快一样，在第一时间迎战天花病毒大魔王。"衙役捕快"苦战之余，擅长记录和画像的"分析员"[73]会同时记录敌人特征，并携带画影图形快马加鞭前往适应性免疫部队驻地向适应性免疫请求支援。

适应性免疫反应最主要的战斗力是T细胞和B细胞这两支主力大军，除了一部分兵力在身体里常规巡逻之外，它们各自都有一支卫队驻守在各个淋巴结要塞，随时待命。这些武力值超高的T细胞和B细胞士兵，可以被分成无数个小队，每个小队的士兵只负责识别敌人的一个具体特征。对于天花病毒大魔王来讲，这些特征就是病毒蛋白的一小段氨基酸。不过，为了容易理解，我们暂且用"大魔王"的外貌特征（比如头上的尖角、手里的钢叉和恶魔的尾巴等）来比喻。

为了配合T细胞和B细胞士兵，先天免疫反应的"分析员"把天花病毒大魔王

---

73 被称为抗原呈递细胞，比如巨噬细胞、树突状细胞等。

的全貌拆分成一个个具体的小特征，然后再连同警报信号一起提交给T细胞和B细胞士兵。在接收到分析员提供的"特征"后，那些认得出这些特征的T细胞和B细胞小队的士兵就会像孙悟空拔毛变出猴子大军一样，通过分裂，一变二、二变四迅速生产出一支军队，其中的每一名士兵都专门识别一个特定的特征，并且准备好随时迎战。接着，它们会离开驻地随着血液前往全身各个地方巡逻。

天花病毒大魔王感染细胞之后，会利用细胞工厂合成身上各个部件，如头上的角、手里的钢叉和恶魔尾巴等。细胞除了被迫帮助组装新的病毒大魔王，也会主动把这些特征送到细胞表面并通知大家"我这里出了状况，被异族入侵了"。接着，那些能够识别这些特征的T细胞士兵就会迅速赶来，通过近身搏斗直接杀死这个被感染的细胞，以避免产生更多病毒，扩大感染范围。

B细胞士兵是远程攻击型选手，它们并不直接参与攻击，而是开动马力在自己的细胞工厂里生产大量Y字形的"定向箭矢"，这些"Y字形箭矢"就是著名的抗体：Y字的上面两个杈就是箭头，专门负责识别并结合这个B细胞士兵所记住的特征；下面的独脚则是箭柄，可以作为"天线"向其他细胞传递信号。成千上万的B细胞士兵在超短的时间内生产出大量的抗体，这些抗体在我们的身体里随血液流遍全身，一旦遇到了在表面报告这些特征的细胞，抗体就会用Y字上面的两个杈紧紧"抱住"表现这些特征的位点，然后用"天线"通知自然杀伤细胞、巨噬细胞等先天免疫的成员，让它们来直接攻击被感染的细胞。病毒感染之后再杀死被感染细胞的手段只能算是亡羊补牢，抗体更重要的作用是制敌于未感染之前。在体内随血液系统四处巡逻的过程中，它们一旦遇到了还没感染细胞的或者从细胞里释放出来的天花病毒大魔王，就会立刻死死抱住"大魔王"的某个部位，拖住病毒，让它无法再感染细胞。

就这样，一方面近身搏斗捣毁病毒复制的细胞工厂，另一方面通过远程攻击拖住病毒让它不能继续感染细胞，免疫系统就能逐渐在体内彻底消灭来犯的病毒。到这里，天花病毒大魔王的第一次攻击暂时告一段落。当然，万一免疫系统没有能够成功消灭病毒，那可能就会是另一个悲伤的故事了。

天花病毒在我们身体里这么大闹天宫的一顿折腾，适应性免疫的T细胞和B细胞在缠斗中牢牢地记住了天花病毒这个祸害的长相特征了。在病毒被清除之后，大量专门识别并攻击天花病毒"特征"的T细胞和B细胞暂时没有了用武之地，就会经历"裁减"，数量迅速减少。但是，吃一堑长一智，免疫系统也不会好了伤疤忘了痛，一部分记忆力特别好的T细胞和B细胞被留下来并长期驻守，随时准备再次迅速分裂成专门大军，迎战下一次的天花病毒入侵。专门针对天花病毒的抗体也会在相当长的时间内持续产生，在体内以较大的数量持续巡逻。在这么严密的防控下，即使天花病毒再次来犯，也绝对讨不到好处了。尚未站稳脚跟，它就会被那些牢牢记住"大魔王"特征而且随时警戒、时刻准备抵抗来犯之敌的T细胞和B细胞迎头痛击，彻底消灭。因此，在经历过初次天花病毒感染之后，我们的免疫系统会永远记住这个敌人，我们在痊愈之后也就获得了保护。

预防天花的疫苗

利用疫苗保护我们免受传染病的侵扰，就是在利用类似的方法训练我们的免疫系统。但是进入我们身体的并不是会造成严重危害的病毒大魔王，而是其他具有病毒大魔王"特征"的东西。

中国古代的人痘接种法，就是挑选相对弱小的天花病毒大魔王（选择症状较轻的病人身上的痘疮），把它打得遍体鳞伤（干燥粉碎等一系列处理），然后再送进健康人体内训练免疫大军（接种）。这时的天花病毒已经半死不活翻不起大风浪，即使感染了人体也不能造成严重后果。但不管是什么，一旦侵入体内就是来犯的敌人，所以免疫系统仍然会严阵以待，针对半死不活的"大魔王"把上面所说的完整过程从头到尾认真完成一遍。免疫系统利用这些半死不活的"大魔王"进行了一场完整的实战演习，最终训练出专门识别它们的T细胞和B细胞士兵，并生产出数量庞大的天花病毒抗体。此时，机体已经做好了应对准备，即使未来被健康的天花病毒大魔王攻击，也能够趁它刚进入体内羽翼未丰的时候就将其完全压制，从容取胜。从此，我们就获得了对天花病毒的免疫力。

但是，"大魔王"毕竟是"大魔王"，即使暂时被打残了，也有可能在进入体内之后咸鱼翻身再次兴风作浪。接种了人痘之后，这些半死不活的天花病毒进入体内还是有一定概率恢复"健康"并重新兴风作浪。这时，免疫系统还没有完成演习做好准备，很可能无法完全克制住"大魔王"的全力攻击，产生严重后果，甚至可能导致天花感染而引发死亡。这就是为什么人痘接种法有一定概率造成死亡。

幸好，天花病毒还有一个近亲兄弟，就是牛痘病毒。天花病毒和牛痘病毒简直就是龙兄鼠弟，一个是"大魔王"一心想着致人类于死地，一个是"小弱猫"没有太大追求，只能感染一下奶牛，即使偶尔感染了人类，也就是引起几个脓疱，最多让人发几天烧，不会造成什么严重的后果。这两个品性截然不同的兄弟虽然样貌并非一模一样，但毕竟是一家人，有很多共同"特征"。

琴纳发明的牛痘接种法，就是把天花病毒大魔王的近亲牛痘病毒小弱猫接种到体内，由没什么严重危害的牛痘病毒扮演坏人，让免疫系统开展一次实战演习，最后训练出一支应对牛痘病毒的T细胞和B细胞士兵，以及大量针对牛痘病毒的抗体。虽然这些免疫反应是针对牛痘病毒的，但是因为天花病毒和牛痘病毒非常相像，二者拥有很多共同的"特征"，所以一旦天花病毒侵入体内，同样也会被这些做好准备的抗体，以及T细胞和B细胞士兵乱棍打出，根本来不及站稳脚跟显露魔王本色，就被彻底消灭。所以，天花病毒大魔王断送在了牛痘病毒小弱猫这个兄弟手上，最终被人类利用疫苗彻底消灭。

总之，疫苗是接种后能让机体对特定疾病产生免疫力的一类生物产品的统称。通过向体内接种含有特定病原体特征的物质，让人体的免疫系统进行实战演习，就此训练一支有针对性的免疫大军，以弱练强、以死练活、以小练大、以局部练整体，在病原体感染之前就做好应对准备，避免病原体感染造成的严重疾病。

疫苗的类型

疫苗接种是预防传染病最重要、最有效的手段。随着疫苗的广泛使用，曾经严重威胁人类健康和生命的多种急性流行传染病，像脊髓灰质炎、麻疹、白喉等得到了有效控制，而天花更是被彻底消灭。现在，人类已经可以用疫苗来预防几十种不同疾病，其中一半以上都是由病毒引发的传染性疾病。

人们目前生产和使用的疫苗有好几种不同类型。早期出现的减毒疫苗和灭活疫苗属于比较传统也更加成熟的疫苗。随着科学家对疫苗及其工作原理的深入了解，出现了用天然病原体的某些成分所制成的亚单位疫苗。随着生命科学和生物技术的发展，新型疫苗，如基因工程亚单位疫苗（也叫重组亚单位疫苗）、基因工程载体疫苗（也叫重组载体疫苗）以及核酸疫苗等，也被开发和生产出来。这些不同种类的疫苗，它们究竟是怎么回事呢？

减毒疫苗

减毒疫苗其实就是活的病毒或者细菌。这些病毒或细菌经过人工处理或特殊筛选，已经没有太强的致病能力，但仍然保存着完整的病原体特征。我们可以把这类疫苗理解成半死不活的大魔王，或者从大魔王家族里专门挑选出来的小弱猫兄弟。随着生物技术的发展，现在也有很多科学家利用分子生物学技术，去除病毒或细菌基因组里与致病性或毒力有关的基因，得到人工减毒或完全无毒的重组病原体，就像是人工培育出来的先天不足的大魔王，被称为基因缺失疫苗，也是减毒疫苗的一种。减毒疫苗本身就是活的病毒或细菌，接种到人体后非常接近自然感染状态，用来训练免疫系统，进行实战演习的效果最好。

但是，减毒疫苗毕竟还是活着的病原体，这些活病毒和细菌仍有能力造成感染，所以一些身体较弱的人接种减毒疫苗后可能会出现一定程度的感染症状或其他不良反应，比如免疫力低下的儿童、孕妇或者接受化疗的病人等在接种这类疫苗时需要比较慎重。另外，虽然概率非常低，但这些活着的"小弱猫"是有可能恢复以前的"大魔王"本性，进入人体后兴风作浪，导致接种者患病。因此，减毒疫苗的批准和使用相对更谨慎。

减毒疫苗是最传统的疫苗类型，中国古代的人痘疫苗，琴纳发明的牛痘疫苗，巴斯德早期研制的鸡霍乱疫苗和狂犬病疫苗等都属于这一类。直到今天，仍有很多减毒疫苗被用来预防多种传染病，比如预防麻疹、腮腺炎、风疹这三种疾病的麻腮风疫苗，预防水痘的水痘疫苗，以及为遏制脊髓灰质炎病毒在中国大范围流行传播做出卓越贡献的口服脊髓灰质炎疫苗[74]等。

灭活疫苗

灭活疫苗也是传统的疫苗。在巴斯德发展减毒疫苗的同时，有一批科学家基于减毒疫苗的原理和工艺，发展出了灭活疫苗。所谓灭活就是指把病原体彻底杀死。首先，人工培养出大量病毒或细菌；其次，利用化学试剂、高温、干燥等处理方式把它们彻底杀死；然后，将其用作疫苗。这些死透的"大魔王"进入人们体内后不能造成任何感染，但仍然保存着病原体的特点。所以一旦进入人体，它们还是能激起一定的免疫反应。灭活疫苗相当于用大魔王的"尸体"来训练人体内的免疫大军。因为灭活疫苗没有任何感染能力，所以它的安全性非常高，也是目前最常用的疫苗种类之一。

但是，用"大魔王尸体"去进行免疫系统的实战演习，训练的效果肯定会大打折扣，所以灭活疫苗的免疫效果相对较差，往往需要大剂量接种或多次接种。在实际使用过程中，人们常常会把多种病原体的灭活疫苗混合在一起做成联合疫苗使

74　口服脊髓灰质炎疫苗含有减毒的活脊髓灰质炎病毒，免疫效果较好，因此在疾病大量流行的情况下，会优先考虑这种减毒疫苗。但是，它有几十万分之一的概率会导致接种者感染并患病，因此在疾病已得到控制，发病和感染率非常低的时候，就需要正视疫苗本身的风险，并调整疫苗种类和接种方式。

用，这样接种一次疫苗就能够预防好几种疾病。目前经常使用的预防百日咳、白喉、破伤风的百白破三联疫苗就是一种灭活联合疫苗。2020年，新冠病毒感染肆虐全球的时候，中国最早研制成功、顺利通过临床测试被批准上市并大范围接种的新冠病毒疫苗也是灭活疫苗。

亚单位疫苗

上文提到，T细胞和B细胞并不能识别病原体的全貌，它们只能牢牢记住其中的一个特征。也就是说，要想训练免疫系统识别一种病原体，并不一定需要完整的病原体去进行实战演习，只需要用这个病原体最典型的特征就可以了。再回想一下古代官府通缉坏人的画影图形。受限于当时的绘画技巧，古代画影图形不太擅长写实，而是会紧紧抓住逃犯的样貌和身材特征，或者某个标志性特征，比如左眼到鼻尖有个刀疤，或者手臂上有一个月牙形胎记。这样一来，抓捕逃犯的捕快甚至不需要记住罪犯全貌，只需牢牢地记住这个特殊的标志性特征，按图索骥就可以把坏蛋绳之以法。同样，我们也可以利用病毒或细菌的一部分"特征"而不是完整的病原体作为疫苗，这就是亚单位疫苗。疫苗中真正用来训练免疫系统的有效成分往往是病毒或细菌的蛋白质，因此我们可以直接把这些最关键的、最有代表性的蛋白质组分单独分离出来作为疫苗。就好比把病毒大魔王头上的角、尾巴和手里的钢叉单独拿出来作为实战训练的对象一样，这样训练出来的免疫细胞大军可以专注于识别任何带有这些特征的入侵病原体。因为亚单位疫苗只含有病毒或细菌一种或几种最重要的蛋白质组分，没有引入其他杂七杂八的成分，所以进入身体后所引发的副作用可能会相对比较小，也不太容易引起不良反应。

但是，也正因为亚单位疫苗只含有病原体的一部分重要特征，所以它的免疫效果有时候不太好。而且万一病毒产生了突变，这类疫苗有可能会失去保护效力。就好比逃犯使用了易容术，修改或者抹除了容易被人认出来的疤痕或胎记，那么只记得某个特征的捕快们就无从分辨并抓捕了。

　　传统的亚单位疫苗一般需要用化学手段从大量人工培养的病毒或细菌里把特定组分提取出来。现在，科学家可以利用先进的基因工程技术，把需要的蛋白组分直接利用细胞工厂生产出来，然后再提纯作为疫苗，这被称为基因工程亚单位疫苗。它虽然对生产和制备技术有较高的要求，但是因为安全、经济，而且非常适合大批量生产，已经得到越来越多的重视。目前我国成功应用的基因工程亚单位疫苗只有一种用于预防乙型肝炎的乙型肝炎病毒基因工程疫苗。另外，最近在我国批准上市的人乳头瘤病毒（HPV）疫苗也算一种基因工程亚单位疫苗。预防甲型肝炎病毒、丙型肝炎病毒、戊型肝炎病毒等更多种类的基因工程亚单位疫苗正在研制中。

核酸疫苗

　　蛋白质都是核酸指导生产的，如果能够直接把这一部分指导蛋白质生产的核酸送入细胞，就能够直接利用细胞机器生产出相应的蛋白质。如果这些蛋白质能够代表病毒或者细菌的具体特征，那么同样可以训练体内的免疫系统抵抗病原体。基于这个原理，科学家们正在尝试利用现代生物技术下的免疫学、生物化学、分子生物学等开发一种更安全高效的新型疫苗，这就是核酸疫苗。这就好比既不用病毒大魔王，也不用真实存在的病毒大魔王的关键特征去训练免疫大军，而是把病毒大魔王头上的角、尾巴或手中钢叉的设计蓝图直接送入体内，让细胞工厂生产出这些相应的特征之后，再训练我们体内的免疫反应。理论上来讲，核酸疫苗的免疫效果比亚单位疫苗和灭活疫苗会更好。因为核酸疫苗不含病原体的任何毒性成分，使用安全性很高。而且相比于其他传统疫苗，核酸疫苗的开发和生产都更加简单，所以目前是科学家研究的热点。在全球抗击新冠疫情的过程中，就有一种用新冠病毒S蛋白关键片段的mRNA制成的核酸疫苗被全面推广，并接种了近百亿剂次，保护了全世界几十亿人。这次成功，也让大家看到了核酸疫苗的广阔前景。

重组载体疫苗

　　上面介绍的几种疫苗里，免疫效果好的安全性有一定欠缺，安全性提高了则免疫效果又有所下降，那么，有没有一种疫苗能够既保证良好的免疫效果，又有很高的安全性呢？减毒疫苗免疫效果好，亚单位疫苗安全性高，那么假如能够取长补短，把这两者结合在一起，不就可以鱼和熊掌兼得了吗？沿着这个思路，科学家们利用现代化的基因工程手段，发展出重组载体疫苗。我们身边有很多常见的病毒或细菌，虽然每天和它们接触，但这些病原体基本不会让我们生病，或者只会引发一些极其微弱的生病症状。经过多年研究，有一些能够与人类和平相处的病原体已经被研究得比较清楚了。科学家挑出了一些安全性较高又能够高效激活免疫反应的病原体，利用基因工程技术把这些病原体的一些基因去掉，进一步提高它们的安全性和有效性。接着，以这些经过基因改造的病原体为基础，把要预防的其他病原体的特征蛋白加载到这些基础病原体上，把二者组合在一起作为疫苗，称为重组载体疫苗。这个过程就好比让一个自己人戴上病毒大魔王头上的角，手里拿上钢叉，再插上恶魔之尾，扮作大魔王的样子在实战演习中训练我们的免疫系统。有些针对埃博拉病毒的疫苗就是利用重组载体疫苗这种形式进行研发的。在新冠疫情中，中国在疫情后期推出的雾化吸入式疫苗也是一种重组载体疫苗。

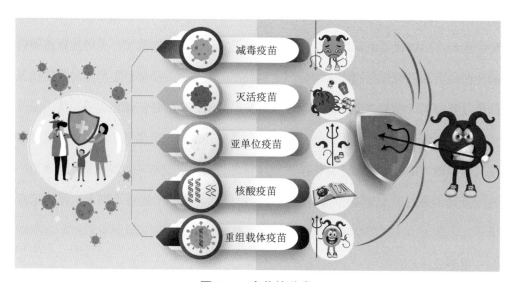

图5-2：疫苗的种类

佐剂

那么，除了上文说的那些或死或活的病原体、病原体蛋白质组分或者含有病原体蛋白质基因的核酸，疫苗中就没有别的东西了吗？当然不是了。要做出一道美味的菜肴，除了千挑万选的优质食材以外，还有一种重要的东西在其中起到了画龙点睛的作用，这就是精心配比的调味料。食材是烹调的灵魂，但盐可以算作菜肴的"光"。其实对于疫苗也是一样，选择最合适的病原体或病原体组分作为抗原当然是重中之重，但还有另一种不可或缺的成分，这就是佐剂。

佐剂，顾名思义，是一种起"辅佐"作用的成分。为什么疫苗需要使用佐剂呢？自从疫苗问世以来，在研究和生产疫苗，以及研究机体免疫反应的过程中，科学家们注意到一个奇怪的现象：进入人体内的外来蛋白质会激发机体的免疫反应，特别是适应性免疫反应。但是，如果我们仅仅注射干干净净的蛋白质本身，不太容易让T细胞或者B细胞被激活。只有把这些蛋白质和一些特殊成分混合在一起，才能强烈地诱导免疫反应。这些特殊成分包括死亡的细菌、油，甚至一些有害的化学物质。在长期的研究过程中，科学家们逐渐了解到，如果想要让疫苗诱导机体产生足以达到保护效果的适应性免疫反应，必须添加某些成分激活免疫系统运转，这就是佐剂。想象一下，疫苗里的抗原就像是木柴，而体内的免疫反应则是小火苗。虽然木柴能引火并扩大火势，但如果火苗太小的话，也很难引燃。这时，佐剂就像助燃剂一样，迅速增强原有的小火苗，能引燃木柴产生更大的火势。可见，佐剂在疫苗中能增强机体的免疫应答，帮助抗原诱导更强的免疫反应，由此达到更好的抵抗病原体侵袭的效果。

早期的佐剂往往是根据经验和手头现有的材料，通过反复试验来配制的。随着对免疫反应，特别是先天免疫反应的了解逐渐深入，科学家们逐渐开始有目的性地配置佐剂，以尽量减少它可能产生的不良反应，同时更好地增强它辅佐疫苗的效果。不过很遗憾，直到现在，科学家对佐剂发挥作用的机制还不是完全清楚。而且出于安全性的考虑，人们在佐剂的批准与使用方面也非常谨慎，佐剂形式和种类不多。因此，在积极开发各种疫苗的同时，科学家们也在努力尝试揭示佐剂的工作原理，开发更好的佐剂种类。

现有的疫苗

疫苗的原理听起来好像挺简单，疫苗的种类好像也不是很复杂，但真正研发一种安全有效的疫苗可不是容易的事情。

首先，研发疫苗必须先设计一种技术路线，究竟是使用减毒病毒还是灭活病毒，使用病原体的哪种蛋白质用作亚单位疫苗。然后，经过初步摸索和建立制备工艺，尝试性生产出一小批疫苗，并在实验动物身上进行反复测试，以评估安全性和有效性。接着，在获得了足够的测试数据和实验结果后，开始申请进入临床测试阶段，真正在人体上验证安全性和有效性。依据测试的规模和目的，临床试验需要先后经过几十人的小规模测试（一期）、数百个人的中等规模测试（二期）、几千甚至数万人的大规模测试（三期）。每进入下一个环节之前，都必须先取得足够的数据，证明这个疫苗确实安全有效。有些时候在疫苗注册上市后，还会需要四期临床试验，对疫苗的实际应用人群继续进行安全性和有效性的综合评价。能够顺利闯过这几关的疫苗才能获得批准上市，真正用于疾病的预防。整个流程往往需要耗费大量的时间、精力和金钱。而且，疫苗研发过程中充满了不确定性，在严格的测试过程中会有很多新研发的疫苗无法走完全程就被淘汰。纵观疫苗的开发历史，从发现并鉴定出导致疾病的病原微生物到获得第一针能注射的疫苗（以第一次疫苗注射作为标志时间点），往往需要花费几十年的时间，期间不乏大量的失败、改进，甚至彻底推倒重来。即使如此，还是有一些病原微生物到目前仍没能发展出有效的疫苗。所以，我们现在所使用的每一种疫苗都包含着无数科技工作者的辛勤劳动和不懈努力，我们现在能够抵御的每一种传染病都是他们长期工作的贡献。

目前，世界上一共有几十种疾病可以利用疫苗进行预防，包括霍乱、登革热、白喉、<u>甲型肝炎</u>、<u>乙型肝炎</u>、<u>戊型肝炎</u>、B型流感嗜血杆菌、<u>宫颈癌（人乳头瘤病毒）</u>、<u>流行性感冒</u>、<u>流行性乙型脑炎</u>、疟疾、<u>麻疹</u>、脑膜炎球菌病、<u>流行性腮腺炎</u>、百日咳、肺炎球菌病、<u>脊髓灰质炎</u>、<u>狂犬病</u>、<u>腹泻（轮状病毒）</u>、<u>风疹</u>、破伤风、<u>蜱传脑炎</u>、结核、伤寒、<u>水痘</u>、<u>黄热病</u>、炭疽病、<u>天花</u>。其中，有17种疾病都是病毒导致的（下画线标记）。每个在中国出生的儿童都必须要接种乙型肝炎疫苗（预防乙型肝炎），卡介苗（预防结核菌感染），脊髓灰质炎疫苗（预防脊髓灰质炎），百白破疫苗（预防百日咳、白喉、破伤风），麻腮风疫苗（预防麻疹、腮腺炎、风疹），流行性乙型脑炎疫苗（预防流行性乙型脑炎）和甲型肝炎疫苗（预防甲型肝炎），它们一共可以帮助预防11种传染性疾病。

就目前的医学和科技水平而言，疫苗是最有效的预防流行性传染病的手段，在专家的指导下合理注射疫苗是很有必要的。

对疫苗的错误认知

但是，现在社会上还有一些人对疫苗有一些误解，还有谣言认为疫苗和孤独症或者其他一些疾病有关。在这些误解和谣言之下，很多人被蒙蔽甚至开始反对疫苗接种，不仅自己不去注射疫苗，还让自己的孩子和亲人不去注射疫苗，甚至大肆宣传让其他人也不注射疫苗。事实上，这些对疫苗安全性的质疑绝大多数都是无中生有或者小题大做，而反对疫苗的行为更是将自己、孩子和其他人置于危险之中。在某些误解和谣言愈演愈烈的情况下，有些人已经尝到了恶果。比如在某些反疫苗行动严重的地方，近20年已经很少看到的麻疹病毒感染已经卷土重来，甚至在局部地区有愈演愈烈的趋势。

没有证据表明疫苗和孤独症有关

有一种比较极端的观点认为注射疫苗可能会导致孤独症。这种观点完全属于无稽之谈。"疫苗导致孤独症"的谣言起源于1998年的一篇论文。这篇论文的主要作者在论文完成前的两年内接触到了12个儿童病例，他们都有严重的肠炎，曾接种过麻腮风疫苗，而且都有孤独症。经过草率的"研究"和"分析"，该作者就武断地提出假说，认为疫苗与孤独症之间存在关联性。在成功引起了媒体和大众的注意之后，作者把"假说"逐步夸大成了结论，并把原来含糊不清的"关联性"逐步升级成了"因果性"，加上众多媒体的推波助澜，这一说法迅速蔓延开来。实际上，后来科学家发现这项所谓的"研究"所采用的分析方法严重错误，而且结论也有很强的欺骗性，因此发表该论文的杂志后来撤回了这篇论文。此后也有其他的研究者进行了更大规模的调查，但是都没有发现疫苗与孤独症之间存在任何关系。就此，"疫苗和孤独症有关"这个错误说法已经被彻底推翻了。遗憾的是，虽然错误的观点得以纠正，但是错误的论文所造成的负面影响已经产生。在一些别有用心的反疫苗人士煽动下，这个谣言在世界多个国家大肆流传，造成局部地区的疫苗接种率日益下降，而随之而来的后果就是本可以被疫苗所预防的传染病再次流传和暴发。这种做法简直是害人害己。

疫苗预防比自然感染更加安全可控

有些人秉持着自然就是最好的这种观点，认为既然感染过病毒或细菌就能获得免疫能力，那就干脆等着自然感染好了，何必去注射疫苗呢？但实际上，注射疫苗和自然感染这两种不同途径所诱导产生的免疫反应和保护能力并没有太大区别。疫苗因为特殊的组成和配方甚至能更有效地激发免疫反应保护我们。另外，我们千万不要忘记的是：用于疫苗接种的抗原一般都经过处理，而且经过了严格的前期测试和验证，几乎不会导致严重疾病，也不会使接种者受到潜在并发症的威胁。这些保护效果，是在风险可控的前提下获得的，最多是得小病防大病。而通过自然感染获得免疫力可能会付出高昂代价。比如说，风疹病毒感染没有出生的胎儿可能导致出生缺陷，脊髓灰质炎病毒感染儿童可能导致终身残疾，乙型肝炎病毒引发的慢性肝炎可能转为肝硬化最终导致肝癌，而麻疹病毒感染可能会因为并发症导致死亡。

疫苗的安全性非常高，仅有极少数严重不良反应

对于疫苗的质疑主要集中在安全性上。实际上，疫苗的安全性是非常有保障的。上文说过，任何一种疫苗在上市之前都必须经过一定程序的严格测试。其中，安全性是必须保证的因素。一个疫苗必须在一系列动物和人体测试中都表现出很好的安全性和有效性，之后才有可能获得批准。疫苗的生产过程也必须遵循严格的程序，而且会受到严格的监管，务求万无一失。即使在这些获批的疫苗投放市场之后，也会随时抽查检验，并且定期重新评估。

看到这里，会不会有人产生疑问：既然疫苗这么安全，那为什么我们还偶尔会从电视新闻或身边朋友等途径了解到疫苗注射之后身体产生的一些问题。这就是疫苗的不良反应。

我必须很遗憾地承认，疫苗的安全性的确不是100%。大家一定听说过"是药三分毒"。虽然疫苗在研制和生产的过程中，经过了严格的测试和评估。但是，疫苗中除了用作抗原刺激的物质外，还需要添加其他成分，比如保护疫苗中的蛋白质不被破坏的保护剂和增强免疫反应的佐剂等。此外，疫苗在生产过程中还可能掺杂其他引发过敏的成分，比如流感灭活疫苗中可能含有鸡蛋成分，乙型肝炎疫苗中可能含有酵母成分，新冠疫苗中可能含有细胞组分等。尽管疫苗在生产中会有完善的纯化过程尽可能地去除这些杂质，但即使非常少量的残存也可能会引起极少数人的过敏反应。

所以和药物一样，不同的疫苗注射入人体后也会产生一定比例的不良反应。在一般情况下，注射部位会出现红肿、疼痛，身体会出现低烧等，这可能是体内的免疫系统被激活，属于正常的免疫接种反应，一般不需特殊处理，一两天就可以自行恢复。虽然绝大多数疫苗接种后都不会引起严重反应，但由于每个人的体质不同，偶尔会出现极个别轻重不同的局部反应或全身反应，比如有时候体内的免疫反应太敏感了，一有风吹草动就大军压境，导致接种人在疫苗接种后很短时间（30～60分钟）内就出现哮喘水肿、荨麻疹等，更严重的甚至会出现过敏性休克。在疫苗接种后2～3天内，接种人有时也会出现不舒服的症状，比如恶心、呕吐、腹痛和皮疹等。所以，为了保证安全，减少不良反应，人们必须在身体健康时进行疫苗接种，而且必须在正规有资质的机构、在专业医生的指导下进行疫苗接种。在接种后还需要密切关注身体状况，如果出现不适，需要尽快寻求医生的专业建议。

近年，中国每年预防接种大约10亿剂次（常规基础免疫），但与接种疫苗直接有关的严重异常反应发生率极低。比如口服脊髓灰质炎疫苗可能有25万分之一的概率引起脊髓灰质炎，而预防结核的卡介苗则有百万分之一的概率导致全身感染。为了应对这些小概率的不良反应，医疗机构和疾控部门会在疫苗使用过程中随时监测各方信息，以便监控和统计疫苗可能导致的任何不良事件。一旦发现较为严重的副作用或者不良反应，会立即开展调查。但是，即使存在小概率的不良反应，疫苗成功预防疾病的概率要远远大于疫苗导致人体产生不良反应的概率。如果没有疫苗，会发生更多的疾病和死亡。科学家们一直在努力开发更安全、不良反应率更低、更有效的疫苗，科学技术的发展和疫苗研发生产水平的提高也将进一步减小不良反应的概率。但在现有情况下，我们绝不能因为小概率的不良反应就因噎废食，不去注射疫苗。

总体来讲，疫苗的安全性是有保障的。而现阶段预防和控制传染病最经济、最有效的手段，仍然是接种疫苗。

药物是怎么对抗病毒的？

虽然疫苗接种能够有效预防疾病的发生，但毕竟目前已有的疫苗只能预防有限的几十种传染病。世界上还有很多无法通过疫苗预防的病毒性疾病，这些病毒性疾病严重威胁人类的健康和生命。有一些病毒性疾病虽然没有严重到直接致命，但给人们的生活带来很大影响。如果实在无法通过疫苗御敌于外，在感染病毒之后，除了依赖自身的免疫系统，我们还可以使用外援，协同免疫系统一起对付病毒，这个外援就是药物。比如预防艾滋病和丙型肝炎的疫苗，直到现在还没有看到希望。但是，在抗病毒药物的帮助下，艾滋病这种曾经的绝症已经得到了很好的控制，而乙型肝炎甚至已经得到了"临床治愈"[75]。

抗病毒药的工作原理

从20世纪80年代至今，世界各国的科学家们一直都在积极研制和开发抗病毒药物。进入21世纪以来，随着人类对病毒的了解越来越深入、各领域科学技术的不断发展，越来越多的药物被研发出来，越来越多的药物被用于临床抗病毒治疗。这些药物并不是直接杀死病毒本身，而是通过影响病毒感染中发生的自然生理过程，来抑制病毒在体内的复制繁殖。

还记得病毒的生命周期吗？接下来，我们按照病毒的感染复制过程，一起看看抗病毒药是怎么发挥作用的吧。

影响病毒吸附

这种"御敌于千里之外"战术是避免病毒进入我们的细胞最有效的预防手段。前面已经介绍过的抗体能通过"抓住"病毒来阻止它吸附在细胞表面并结合受体。那么，帮助我们机体专门识别病毒的抗体是怎么产生的呢？虽然自然感染能完成这个任务，但更好的手段是疫苗接种。除了疫苗接种诱导机体产生抗体之外，直接向体内注射大量的抗体也是一种预防和治疗病毒感染的方法。比如被狗咬伤之后，我

---

75 乙型肝炎的临床治愈是并不是真正地痊愈，从医学角度来讲，只是乙型肝炎的表面症状消失。简单理解，就是检测不到乙型肝炎的表面抗原和病毒基因组，肝脏功能正常，也观察不到乙型肝炎导致的肝脏病变。但实际上，病毒可能还深藏在身体的肝脏细胞里，被人体自身的免疫力牢牢地压制住了。

们一定要注射狂犬病疫苗，这是通过疫苗诱导体内尽快产生抗体保护我们，但抗体可能需要两周左右才能产生。假如被咬伤的程度很严重，或者咬人的狗本身患了狂犬病，那么很可能还需要同时注射大量的抗体，以便在我们自身产生抗体之前，先提供一定程度的保护。治疗新冠病毒感染的时候，向一些重症患者体内注射新冠病毒感染康复者的血清，也正希望利用康复者血清中的新冠病毒抗体去帮助重症患者控制体内的病毒感染。

除了天然产生的抗体，科学家也开始尝试人为地设计一些小分子药物，让它们用自己特殊的结构结合到病毒表面，令病毒无法感染细胞，或者直接原地解体。还有一种策略并不直接针对病毒，而是瞄准病毒"抓手"所识别的细胞受体，用抗体或小分子药物主动把这些受体隐藏起来，这样一来，病毒就无法进入细胞了。

影响病毒侵入和脱壳

如果能够干扰病毒进入细胞的过程，或者阻止病毒进入细胞后释放基因组，就可以避免病毒进入接下来的生命周期，自然也就抑制了病毒的复制。科学家们已经开发了很多药物专门针对这个过程，用来预防和治疗甲型流感病毒感染的金刚烷胺就是其中的代表。金刚烷胺可以高效结合在流感病毒衣壳表面一种叫作M2的蛋白上，这样，病毒无法正常脱壳，也就无法释放基因组完成后续复制了。另外，通过抑制细胞上的一些组分，也有可能抑制病毒侵入细胞。比如新冠病毒在用自己的刺突蛋白"抓手"抓住细胞的ACE受体"把手"后，需要利用病毒表面的一种蛋白酶切断"把手"后才能进入细胞，如果能够用药物抑制这种蛋白酶的切割能力，也可以阻止病毒进入细胞。

影响病毒生物合成和组装

绝大多数的抗病毒药物都是通过抑制病毒生物合成及组装来发挥抗病毒作用。不同的病毒利用不同的机制复制自己的基因组，合成自己的蛋白组分，组装成病毒颗粒，所以，很多种不同的药物已经被开发出来针对各种不同的机制。

　　比如DNA病毒都需要"抄写员"DNA聚合酶来复制自己的基因组，而阿昔洛韦、更昔洛韦等一些名字里含有"昔洛韦"的药物就正好可以干扰"抄写员"正常工作，从而抑制病毒基因组的复制。治疗乙型肝炎的拉米夫定，长得很像组成DNA的4种碱基中的"C"，因此欺骗"抄写员"把自己当作碱基"C"抄写进正在复制的基因组里，这么一来就产生了很多有错误的病毒基因组，于是危害人体的含有正确基因组的病毒就少了。利用类似的原理，有些药物可以对付"反向传令员"。还是以拉米夫定为例吧，正常情况下"反向传令员"会拿起一个ATCG碱基，把它加进正在合成的DNA里，然后再去拿下一个碱基。而伪装成"C"的拉米夫定特别"黏手"，一旦被"反向传令员"拿起来了，就会黏在它的手上干扰它继续正常工作。这么一来，病毒基因组自然就无法继续正常合成了。治疗艾滋病的很多药物也利用和拉米夫定类似的方法抑制病毒复制。这类通过结构类似抑制病毒基因组复制的药物，被称为核苷类似物。当然，并不是所有的药物都利用鱼目混珠的方法，也有一些药物可以直接抑制"抄写员"和"RNA抄写员"的工作，它们被称为聚合酶抑制剂。比如，目前治疗丙型肝炎的药物索非布韦，就是一种RNA聚合酶抑制剂，它可以仅仅结合在丙型肝炎病毒"RNA抄写员"的活性中心，抓住"他"的手，直接阻止"他"的工作，从而阻止病毒基因组的复制。很多时候，多种核苷类似物或聚合酶抑制剂会联合使用，通过多方位复合攻击达到最大的病毒抑制效果，这就是抗病毒药的联合应用。

　　不知道大家有没有拼过模型，很多拼装模型的零件是放在一个个零件板上，在需要拼装的时候用剪刀把它们剪下来进行组装。很多病毒也利用类似的形式生产它们的蛋白。这些病毒在合成病毒蛋白时，会先产生一个长长的包含很多种不同病毒蛋白的"前体"蛋白。拼装模型的零件是一板一板的，这些前体蛋白是一长条的，就像首尾相连的一根长长的香肠，它们需要被细胞自身的蛋白酶"剪刀"分割成一个个合适的蛋白零件。有些药物就利用了这个原理抑制病毒的组装。比如治疗艾滋病的沙奎那韦，长得就非常像人类免疫缺陷病毒的前体蛋白，它会诱骗蛋白酶"剪刀"来裁剪自己，并牢牢地粘在"剪刀"上赖着不走，这么一来，那些需要裁剪的真正的病毒前体蛋白就被晾在一边，正常病毒蛋白的产生过程就被阻断了。

影响病毒释放

新的病毒颗粒产生之后，必须离开老的细胞才能感染其他细胞。如果不让病毒离开细胞，就能够避免感染进一步扩大，所以也有一些药物专门针对病毒释放的过程发挥作用。流感病毒的表面有一种叫作神经氨酸酶的蛋白，病毒需要利用这个蛋白打破细胞膜，之后才能离开细胞。而抗流感的药物奥司他韦恰恰就有抑制神经氨酸酶的能力。因此，在流感病毒万事俱备只欠东风的时候，奥司他韦成功地挡住了"东风"，从而阻止了病毒释放，也就阻断了后续感染。

以上只是简单列举了几种抗病毒药物和它们作用机制，其实还有大量的利用更复杂机制的抗病毒药物，而科学家也正在开发更多种类的、抗病毒效果更好、副作用更小的新型抗病毒药物。

抗病毒药物存在的问题

经过全球科学家多年来的持续努力，已经有很多抗病毒药物被用于治疗病毒感染。这些药物的出现，使我们面对病毒侵扰的时候终于摆脱了一面倒的挨打局面，不再是手无寸铁地去抗衡病毒感染。但遗憾的是，现在还没有发现能够像抗生素对付细菌那样广谱高效的抗病毒药物。特别是针对一些新近才发现的病毒，比如SARS病毒、新冠病毒、埃博拉病毒等，还急缺特效治疗药物。真实情况是，针对大多数病毒感染，我们经常束手无策。

抗病毒药物的副作用

是药三分毒，抗病毒药物同样如此。所有已经开发出来的抗病毒药物，除了能够抑制病毒复制以外，都具有一定程度的副作用。使用这些药物会让人出现一些不舒服的症状，甚至对一些组织器官产生损伤。不过两害相较取其轻，毕竟首要任务是消灭或者抑制感染身体的病毒，避免感染进一步恶化。解决了病毒的感染问题，自然就可以停药，因短期服用药物产生的副作用，也会慢慢消失，受到药物影响的机体器官也会逐渐恢复正常。

抗病毒药物为什么会产生副作用呢？病毒不能独立复制，它必须在进入细胞后，利用细胞内的生理活动进行复制。虽然部分病毒会携带一些帮助自身复制的蛋白质进入细胞，但是绝大多数病毒的生物合成，比如复制基因组、生产病毒蛋白质等，都需要利用细胞自身的各种细胞机器才能完成。所以从某种意义上来讲，病毒复制和细胞自身进行正常的生理活动没有本质区别，毕竟利用的都是细胞自己的组分和功能。上面说到的那些抗病毒药物，都是针对病毒复制的各个阶段，通过干扰病毒复制过程中所需要的蛋白发挥作用。这时候就出现了一个问题，病毒复制过程常常利用细胞自身的细胞机器，那么针对这些细胞机器的药物不光抑制病毒复制，同时也会破坏正常的细胞功能。所以，在使用一些抗病毒药物时，往往会出现杀敌一千自损八百的情况。干扰病毒复制的同时，也对细胞自身正常生理功能造成了一定程度的影响，这就是药物的副作用。

病毒对药物的抗药性

抗病毒药物还有一个不得不面对的尴尬情况，就是病毒的抗药性问题。

先说说专门克制细菌的抗生素吧。在科学家成功研发出第一种抗生素——青霉素之后，人类在与细菌感染的漫长斗争中终于第一次占据了优势。在相当长一段时间里，青霉素简直成了治疗各种细菌感染疾病的神药。青霉素的使用剂量是用1个单位、2个单位来计算的。在19世纪90年代，十几万单位的青霉素就能称为"大剂量"，可以应对绝大多数细菌感染疾病。仅仅几十年之后，曾经把多种细菌"按在地上摩擦"的万能神药青霉素逐渐走下神坛。青霉素用于抑制细菌感染时，剂量至少得几百万单位起步。更严重的是，在长期使用（甚至滥用）青霉素后，很多种原本对青霉素敏感的细菌已经逐渐产生了抗药性，导致现在的青霉素对很多种细菌都失去了效果。因为细菌在一代一代繁殖复制的过程中逐渐产生突变，然后经由环境或药物的筛选，将对自己有利的突变保留下来，经过长年累月的积累获得了不同种类的有利突变，最终，就产生了对现有药物的抗药性。

和细菌对抗生素产生抗药性一样，病毒也会对抗病毒药物产生抗药性。抗病毒药物一般都是针对病毒复制过程中的某些重要蛋白发挥作用。但是，病毒在一代代复制过程中会产生大量的突变，久而久之被抗病毒药物所攻击的那些蛋白逐渐发生了变化，就慢慢不受药物影响了。这就好比两个武林高手过招："病毒怪"武功高强，南拳北腿样样精通，"药物侠"发现了"病毒怪"招式中的一个破绽，便专门修炼了一记绝招专攻这个破绽，死死地克制住了"病毒怪"。但是"病毒怪"善于变招，每次和"药物侠"过招的时候都会使用一个新招数，长期修炼之后终于找到了弥补破绽的方法。而"药物侠"墨守成规不懂变通。于是，"病毒怪"变招之后，只有一个绝招的"药物侠"就不再能够克制"病毒怪"了。这时，我们就可以说"病毒怪"产生了抗药性。如果能从"病毒怪"的变招上再次找出新的破绽，针对这个破绽重新设计出绝招2.0版让"药物侠"修炼，就能够再次克制"病毒怪"。只不过，很可能在经过一段时间的缠斗之后，"病毒怪"又会产生对绝招2.0版的抗药性。细菌产生对青霉素的抗药性用了几十年的时间，而病毒的复制速度和突变速度比细菌要快得多，所以产生对现有药物的抗药性所花费的时间更短。比如治疗艾滋病的药物仅使用了几年到十几年时间，结果就有大量艾滋病患者体内的人类免疫缺陷病毒对一些常见抗艾滋病药产生了抗药性。所以，开发新的抗病毒药物，找到更有效的抗病毒治疗靶点，是一项任重道远的工作，决不能因为一时的胜利或暂时的领先而松懈。

第六章

病毒对人类的作用

本书前面的章节一直在讨论病毒的坏处。上文虽然也提到病毒在生态平衡中发挥了重要作用，但好像这些都和我们并没有特别直接的关系。那么，病毒到底能不能直接为人类做贡献呢？

答案是肯定的！随着近几十年科学的快速发展，病毒学也在突飞猛进地发展。在各种新方法、新技术、新仪器的帮助下，科学家能够更加深入地研究病毒的特性。科学家不仅比以往任何时候都更加了解病毒，也掌握了比之前更好的技术手段，能够对病毒进行各种各样的改造，比如把我们不想要的功能弱化或去除，把我们需要的功能强化或添加进去。通过现代分子生物学的发展和基因工程技术的进步，病毒被彻底改头换面，借助科学的手段，人类实现了化敌为友，把"邪恶"的致病病毒改造成能够帮助我们的有效工具。那么，病毒究竟可以在哪些领域发挥作用呢？

病毒与生命科学基础研究

在现代生物学发展初期，科学家通过巧妙设计的科学实验，借助噬菌体和病毒，证明了很多重要的科学结论，揭示了很多重要的生命进程机制，这些工作中很多是奠定分子生物学基础的划时代研究。比如，噬菌体曾被用来证明DNA是遗传物质，还被用来揭示DNA复制的机制；烟草花叶病毒被用来证明RNA可以作为遗传物质；逆转录病毒被用来证明RNA的信息可以传递给DNA；类似的例子还有很多。

一直到现在，很多病毒仍然被当作工具或实验对象活跃在现代的生物学实验室中。比如，当研究某个基因的功能时，科学家常常会把它放进另一个不含这个基因的细胞里，看看细胞会有什么改变。但是细胞受到外面一层坚韧的细胞膜保护，外来的基因可不是随随便便就能进入细胞的。那应该怎么办呢？让我们想想病毒在感染细胞时做了些什么？作为一个天然的溜门撬锁高手，病毒可以很轻易地进入细胞，之后再释放自己的基因组，让它在细胞里发挥作用。瞧，这不正是我们想要的吗？沿着这个思路，科学家利用现代分子生物学知识和基因工程技术改造了一些病毒。他们把病毒自己的基因从基因组挖掉，然后再把我们要研究的基因装进去。这个过程就好比把西瓜的瓤挖空，然后把苹果肉放进去。当这些改造后的病毒（也称作重组病毒）感染细胞，就好像特洛伊木马一样，把我们要研究的基因带进细胞中。这种病毒就像运载工具一样负责把其他基因送进细胞，所以被称为"载体"。经过科学家几十年的努力，病毒载体不断发展，变得越来越好用，功能越来越多，已经成为生命科学研究领域不可替代的工具。

病毒与基因治疗

人们既然可以利用病毒作为运载工具，把某个基因送进细胞中研究它的功能。那么，假如细胞里的某个基因出现了问题，导致细胞不能正常工作，我们是否可以利用病毒把正确的基因送进去，来修复这个细胞的功能呢？如果大家想到了这个问题，那真是太棒了，你看到了基因治疗的本质！

很多疾病是因为基因突变或基因缺陷等造成的。一个基因蓝图出现了错误，就会导致根据它们所设计的蛋白质机器产生故障，从而影响整个细胞的正常工作。如果所有细胞都出了问题，人们就会发生严重疾病。虽然科学家们已经发明了各种药物用来治疗很多基因缺陷造成的疾病，但是这种方法治标不治本，往往只能缓解症状，不能从根本上治愈疾病。既然疾病的根源是基因蓝图出现错误，那么根本解决方案自然是修复错误的基因，或者至少针对错误的这部分蓝图提供一个正确的版本进行弥补。基因治疗就是基于这个原理所发展的。于是，同样的问题又来了，怎么把这些正确的基因导入人体，让它们进入细胞发挥作用呢？这时候，病毒载体就又有了用武之地，它们是目前基因治疗最重要的工具之一。引发艾滋病的人类免疫缺陷病毒、引发肺炎的腺病毒和依靠腺病毒才能复制的腺相关病毒等，是目前最受关注的病毒载体。全世界有为数众多的实验室利用病毒载体开发了很多基因治疗的方法和药物，有一些已经得到批准用于临床治疗，同时还有大量研究工作正在进行中。

不过，病毒毕竟是病毒，尽管经过了改造，在一定程度上能保证使用者的安全，但只要没有100%的把握，在进行基因治疗时就必须万分小心，务必要在保证安全的前提下才能用在人类身上。所以，目前绝大多数利用病毒载体的基因治疗研究都是在实验动物身上进行的，只有极少数得到批准用于人类治疗。不过，我相信在可以预见的未来，一定会有更多利用病毒作为载体的基因治疗药物不断面世，为人类解除多种遗传性疾病的困扰。

病毒与肿瘤治疗

科学家很早就注意到有时候病毒感染会对癌症产生影响：1896年，有报道说一位42岁白血病患者在患流感后病情明显缓解（几十年后，人们才意识到流感是病毒引起的）。1953年，人们又发现水痘–带状疱疹病毒感染暂时性缓解了一位4

岁白血病患者的病情。后来又出现一些关于麻疹病毒感染与淋巴瘤和白血病的病情缓解存在相关性的报道。最近的著名例子可能是2020年年底的报道，一位61岁的淋巴瘤患者在感染新冠病毒后，肿瘤居然奇迹般地消失了。

科学家对这种病毒感染缓解癌症症状的现象非常感兴趣，将这种能够感染并杀死癌细胞的病毒称作"溶瘤病毒"。溶瘤病毒并不是一种特定病毒的名字，而是这一类能够感染并且杀灭癌细胞的病毒统称。之前报道的那些自然感染病毒缓解癌症的报道，因为患者身体状况本身就很不好，而且感染范围和进程也完全不可控，因此就好像"饮鸩止渴"，风险极大，不可能大规模推广。为了使这种"以毒攻毒"的治疗手段更加安全可控，科学家基于病毒学知识，结合基因工程手段，改造了很多不同种类的病毒，使它们"明辨是非"，有针对性地感染杀灭癌细胞，而不影响正常细胞。同时，还要给它们加上"开关"，使其保持在可控的范围，避免感染范围扩大。另外，还要在这些溶瘤病毒中加上"报警器"，让它们在杀死癌细胞的同时，还能有效激活体内的免疫系统共同对抗癌症。这样多管齐下，就有可能安全有效地治疗癌症了。

用病毒来治疗癌症可不光是停留在想象中，目前已经有几种溶瘤病毒药物被批准全球上市。其中，2005年由中国国家食品药品监督管理总局（现为国家市场监督管理总局）批准的"安柯瑞"，由引发肺炎的腺病毒改造而来，这种药物是由我国科学家发明的，而且拥有完全自主知识产权。在2015年先后被美国食品药物管理局（FDA）和欧洲药品管理局（EMA）批准的溶瘤病毒药物"T-VEC"[76]，它是基于引发口唇疱疹的单纯疱疹病毒改造而来的，对一种叫黑素瘤的皮肤癌有很好的治疗效果。2021年11月，日本批准了溶瘤病毒药物DELYTACT，与T-VEC一样，它也是由单纯疱疹病毒改造而来，但不同的改造方案使其被用于胶质母细胞瘤等脑肿瘤的治疗。此外，还有数十种不同病毒衍生的溶瘤病毒药物正在进行临床测试，全世界很多实验室都在潜心研究更多的用溶瘤病毒来治疗癌症的药物和方法。

76　全称为Talimogene Laherparepvec，商品名Imlygic，暂时还没有中文名。

不过，和基因治疗药物一样，溶瘤病毒药物毕竟也是病毒，在开发和批准溶瘤病毒作为药物治疗癌症的时候必须慎之又慎，务必保证它的安全性。

病毒与细菌感染

大家一定都生过病，感冒发烧应该算是最常见的疾病了。那么，当大家感冒发烧的时候，都是怎么处理的呢？我相信一定有不少人曾经去医院打"消炎针"，或者在家里吃"消炎药"。这些"消炎针""消炎药"就是专门消灭细菌的抗生素。简单地理解，抗生素就是由细菌、真菌、放线菌等微生物产生的，能够抑制或杀死其他微生物或细胞的一类化合物。第一个同时也是最著名的抗生素是1928年英国科学家亚历山大·弗莱明发现的青霉素。目前已经发现的抗生素有150多种。抗生素不仅能够用于治疗威胁生命的严重感染，也能够处理日常生活中的轻微感染，极大地提高了人类的生活质量。因此，抗生素的发现被誉为"20世纪医学界最伟大的发明"。因为发现、生产和推广青霉素，弗莱明与英国科学家霍华德·弗洛里和恩斯特·钱恩共同获得了1945年的诺贝尔生理学或医学奖。

因为抗生素良好的杀菌效果，医疗、畜牧、水产养殖等很多领域把它作为"万能灵药"大量使用甚至滥用，导致越来越多的细菌对抗生素产生了抗药性。更糟糕的是，有很多细菌对不止一种抗生素产生了抗药性。少数细菌甚至已经能够抵抗目前市面上所有的抗生素，这就是著名的（也是恐怖的）"超级细菌"。抗生素本来是人类对抗细菌最有力的武器，但是却对"超级细菌"无可奈何。一旦受到"超级细菌"感染，生命将受到极大的威胁。

抗生素无效，那还有什么其他办法对抗细菌吗？想到没有？咱们之前介绍过的噬菌体，不就是天然的细菌对抗者吗？用噬菌体治疗细菌感染的方法被称为"噬菌体疗法"，它的工作原理非常容易理解。噬菌体天然能够感染细菌，所以作为药物进入体内后，就会发挥它的天性，感染并杀灭细菌，从而清除感染。因为噬菌体只感染细菌，因此对我们身体的正常细胞秋毫无犯，具有很高的安全性。

不过，噬菌体疗法也有它天然的短板。因为一种噬菌体只能针对一种或少数几种细菌，因此针对不同的细菌感染疾病需要专门筛选对应的噬菌体，所以治疗所需要的时间较长，研发成本也会比较高。此外，虽然噬菌体只针对细菌，但毕竟也是活生生的"生物"，和免疫疗法中使用的病毒载体、肿瘤治疗时的溶瘤病毒一样，在使用噬菌体的时候也必须非常谨慎。所以，现在绝大多数噬菌体疗法还只是停留在实验室阶段，或者仅作为最后孤注一掷的救命稻草，去救治无药可治的"超级细菌"感染者。

病毒与纳米材料

把很多常见的材料加工成大小在 1 ~ 100 纳米尺寸范围内的微小均匀颗粒后，这些颗粒会产生一些在大尺寸下不存在的新特性，这时它们就可以被称为"纳米材料"。比如大颗粒状态时不太容易溶于水的一些药物，以"纳米材料"的形式就可以轻松溶于水，能够更容易地被人体所吸收，疗效也会更好。但是你能想到吗？病毒，这种大小在几十到几百纳米尺度的神奇颗粒，也能作为一种神奇的大自然提供的天然"纳米材料"被应用在科学研究、临床治疗和工业生产等不同领域。

病毒是由蛋白质构成的衣壳包裹着其中的遗传物质，假如能把衣壳作为容器，不包裹核酸而是装载其他物质，比如说治疗疾病的药物、破坏肿瘤细胞的毒素，或者医学成像的成像试剂等，然后再利用病毒感染细胞的天然能力，不就可以安全高效地把这些物质送到特定类型的细胞内部了吗？而且利用病毒衣壳天然的纳米材料特性，这种病毒药物还可能具有更容易被吸收、扩散效果更好、在组织中的穿透能力更强等一般药物形式不具备的优点。病毒作为纳米材料也可以用于工业生产。比如本书多次提到的烟草花叶病毒，它的衣壳是一根直径约18纳米，长约300纳米的细长管子，但是在合适的人工条件下，可以生长成直径相同但更长的生物纳米管，除了用于装载其他材料以外，这种生物纳米管还可以用作支架模具来生产其他材料的纳米管，比如说帮助生产导电聚合物——聚苯胺的导电纳米纤维，辅助生产半导体材料——硫化锌晶体纳米线等。

不过，尽管病毒作为纳米材料具有种种优势，但是目前相关技术的研究还仅处于起步阶段，很多技术问题尚未完全解决。比如，作为药物递送介质的病毒纳米颗粒需要克服体内的免疫反应，病毒纳米颗粒的稳定性需要进一步增强等。病毒纳米技术的广阔应用前景还需要科学家们不断努力，充分发挥奇思妙想和聪明才智，才能把理想变成现实。

病毒与生物防控

我们的一日三餐都离不开农业生产，在粮食、蔬菜等作物的种植过程中常常会遇到各种虫害的影响，轻则导致产量和质量降低，严重的时候甚至会颗粒无收。怎样才能对付这些可恶的害虫呢？如果是在家里种花，我们当然可以把害虫一只只揪出来消灭掉。但是，对于大规模的农业生产呢？相信大家会脱口而出，农药！不错，这些人工合成的化学药物使用方便、见效迅速，而且价格低廉，已经被广泛地用于农林业生产领域。但是农药的大量滥用也逐渐引发了一系列问题，例如对其他动物的毒性、大范围污染、害虫抗药性等。

大家一定想到了，作为整本书的主角，病毒同样能在虫害防治中发挥作用。既然任何生物都逃不过被病毒感染的宿命，那么自然也会有专门针对害虫的病毒。如果我们能够找到可以感染特定害虫的病毒，不就可以将其用作生物杀虫剂并达到消灭害虫的目的了吗？而且由于病毒感染的特异性，它只会感染一种或几种特定类型的害虫，对其他生物无害，也不会对环境产生严重影响。目前，世界上年产量和年应用面积最大的昆虫病毒生物杀虫剂，就是中国科学家研制的一种被称为甘蓝夜蛾核型多角体病毒的广谱病毒杀虫剂。利用在工厂里人工饲养的棉铃虫和甜菜夜蛾的幼虫，这种病毒可以被大量扩增，在使用之后，可以有效防治甘蓝夜蛾、甜菜夜蛾、棉铃虫、烟青虫等30多种常见鳞翅目[77]害虫。应用类似的思路，科学家们还在继续开发针对其他不同害虫的病毒杀虫剂。

除了防治害虫以外，病毒还可以用于水体污染的生物防治。比如说水华[78]这种严重的水体污染事件，就可以利用专门针对特定藻类的噬菌体进行生物防治。和前面说的噬菌体药物和病毒杀虫剂一样，用噬菌体治理水华同样有着特异性好、效率高、对环境影响小等优势。不过，这些手段目前还只停留在测试阶段，距离大规模使用还需要较长时间的效果验证和环境影响的评估。

病毒的无限可能

作为一种特殊生命形式的存在，或者说一种介于生命和非生命之间的特殊存在，病毒的各种特性使它可以在很多方面具有特殊的应用优势，能够解决很多常规手段无法或不宜解决的问题。但是，这需要科学家利用科学的手段去研究它们，用智慧去应用它们，用长期努力去改造优化它们。虽然我们已经可以看到病毒有望成为重要的工具，为人类的生产、生活、医疗、健康等方面做出巨大的贡献，但是其中多数的应用方向还在发展中，暂时还没有完全成为现实并被广泛使用。相信在现在的和未来的科学家们持之以恒的努力下，应用病毒造福人类将成为现实。

---

77 鳞翅目就是蝴蝶、蛾子等翅膀上有微小鳞片覆盖的一类昆虫。

78 水华是一种因为水体富营养化而导致蓝藻等藻类大量暴发性生长的现象。过度生长的藻类会导致水体透光性下降，让水生植物无法进行光合作用而死亡。大量的藻类还会分泌并积累毒素，导致鱼虾等水生动物死亡。而死亡的动植物和藻类在分解过程中又会大量消耗水中的溶解氧，使得水体变质发臭。

附录

附录A：破解基因密码小游戏

2008年，下村修、马丁·查尔菲和钱永健三位科学家因为"发现和开发了绿色荧光蛋白（GFP）"而共同获得了诺贝尔化学奖。绿色荧光蛋白源自一种发光水母，在特定波长的光照下，它会发出绿色的荧光。科学家发现绿色荧光蛋白后，开始逐步把这种特殊的蛋白质应用在生命科学研究领域，后来经过长期不断努力，把这种蛋白改造得越来越好用，而且陆续还发现了很多不同种类的具有不同特性的荧光蛋白，并且通过巧妙设计把它们作为工具用在了各种不同的科学实验中，用来帮助科学家们解决各种不同的问题。作为生命科学研究不可或缺的重要工具之一，绿色荧光蛋白很可能已经成为著名的蛋白质之一。

下面给出的这一段DNA序列，就是绿色荧光蛋白的编码基因。如果大家有兴趣，可以试试亲手破解这段DNA的密码，看看它转录出的RNA"鸡毛信"的序列是什么，而最终翻译出来的绿色荧光蛋白的氨基酸序列又是什么。

绿色荧光蛋白基因序列（DNA）

ATG GTG AGC AAG GGC GAG GAG CTG TTC ACC GGG GTG GTG CCC ATC

CTG GTC GAG CTG GAC GGC GAC GTA AAC GGC CAC AAG TTC AGC GTG

TCC GGC GAG GGC GAG GGC GAT GCC ACC TAC GGC AAG CTG ACC CTG

AAG TTC ATC TGC ACC ACC GGC AAG CTG CCC GTG CCC TGG CCC ACC CTC

GTG ACC ACC CTG ACC TAC GGC GTG CAG TGC TTC AGC CGC TAC CCC GAC

CAC ATG AAG CAG CAC GAC TTC TTC AAG TCC GCC ATG CCC GAA GGC TAC

GTC CAG GAG CGC ACC ATC TTC TTC AAG GAC GAC GGC AAC TAC AAG

ACC CGC GCC GAG GTG AAG TTC GAG GGC GAC ACC CTG GTG AAC CGC

ATC GAG CTG AAG GGC ATC GAC TTC AAG GAG GAC GGC AAC ATC CTG

GGG CAC AAG CTG GAG TAC AAC TAC AAC AGC CAC AAC GTC TAT ATC ATG

GCC GAC AAG CAG AAG AAC GGC ATC AAG GTG AAC TTC AAG ATC CGC

CAC AAC ATC GAG GAC GGC AGC GTG CAG CTC GCC GAC CAC TAC CAG

CAG AAC ACC CCC ATC GGC GAC GGC CCC GTG CTG CTG CCC GAC AAC

CAC TAC CTG AGC ACC CAG TCC GCC CTG AGC AAA GAC CCC AAC GAG

AAG CGC GAT CAC ATG GTC CTG CTG GAG TTC GTG ACC GCC GCC GGG ATC

ACT CTC GGC ATG GAC GAG CTG TAC AAG TAA

解码方式说明

1. DNA有2条链。这两条链是以A-T和C-G的形式相互配对的，我们只要知道1条链的序列，就可以轻松写出另一条链的信息。所以，很多时候我们只需要提供DNA一条链的信息就足够了。

2. 在把DNA所编码的蛋白质的信息传递给RNA时，RNA聚合酶"传令员"会依照DNA一条链的序列，按照A-U（T-A）和C-G的配对原则，"写"出RNA"鸡毛信"。注意，这里作为模板的，可不是任意一条DNA链，而是一条特定转录模板链。上面列出的绿色荧光蛋白的DNA序列，恰恰就不是这个所需的模板链。所以，我们需要先根据上面给出的DNA链，写出相对应的那一条DNA链的序列，然后再根据新写出来的DNA链，写出对应的RNA信息。

3．RNA的信息传递给蛋白质的时候，是按照3种碱基的特定组合对应一个特定氨基酸的原则进行的。这3种碱基可以看成一个单元，其中每个位置都有4种不同碱基（ATCG或者AUCG）的可能性，因此一共有4×4×4=64种不同的组合方式，它们对应着最常见的20种不同的氨基酸。因为这种规律就像是破译密码一样，因此这3种碱基的组合，就被称为密码子。

4．比如，上面所提供的DNA序列的前3种碱基ATG，对应的另一条DNA链的信息应该是TAC，而根据TAC这条链产生的RNA，序列应该是AUG（实际上还需要注意DNA和RNA序列的方向，但为了避免把问题弄得过于复杂，咱们在这里暂且忽略这个问题）。接下来，就可以通过查询密码表，知道AUG代表着蛋白质翻译的开始信号，无论前面是否还有其他的信息，但绿色荧光蛋白就从这个密码子才开始合成。同时，这个AUG对应的氨基酸是"甲硫氨酸"，英文单字母简称M。所以绿色荧光蛋白的第一个氨基酸就应该是甲硫氨酸M。接下来的氨基酸，都可以按照类似的方法依次去破解。

5．对于绝大多数生命形式而言，3个碱基的组合与相应氨基酸的对应关系都相对统一。在长期的探究之后，科学家已经掌握了其中的对应规律，并且制成了一个表，供大家查询特定3种碱基的组合究竟对应哪种氨基酸。这就是通用密码子表。这个通用密码子表可以有不同的展示形式，图附A-1附上的是一个轮状图的形式。大家在查询的时候，按照从中心到外周的顺序，从中心最内圈开始查询3碱基组合中的第1种碱基，然后依次向外圈查询第2种和第3种碱基，最后可以在最外圈找到对应的氨基酸。注意，其中有的3碱基组合密码子代表终止信号（翻译成蛋白质序列时，往往用*代表终止信号），不对应任何氨基酸。还有一些不同的3碱基组合对应着同一个氨基酸。

小提示

1. 试着以3个字母为单位画上一条横线做个标记，这样可以避免因为看花了眼，而使密码出现错位，这可是会导致蛋白质的氨基酸序列被彻底改变的。实际上，这也是经常发生的一种导致蛋白质功能完全丧失的严重错误，被称为移码突变。

2. 注意到了吗？在进行"解码方式说明"2的操作时，我们先把上面提供的DNA序列按照A-T/C-G的配对原则转换了一次，然后对新得到的链，按照A-U（T-A）/C-G的配对原则又转换了一次。负负得正，反转再反转还是原来的。所以，得到的RNA序列和上面提供的DNA序列是一样的，唯一的区别就在RNA用U替换了DNA的T。所以，实际上我们只需要把上面提供的DNA序列中的所有T都换成U，就得到了RNA的序列。这样就可以避免烦琐的转换再转换了。

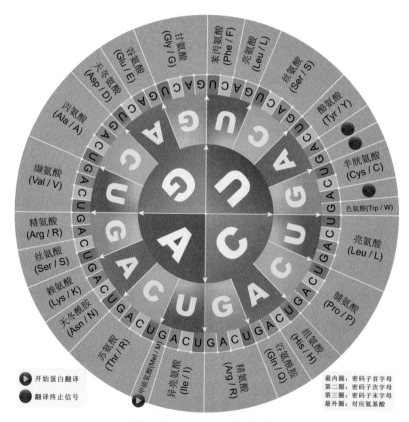

图 附A-1：通用密码子表

答案

绿色荧光蛋白氨基酸序列

MVSKGEELFTGVVPILVELDGDVNGHKFSVSGEGEGDATYGKLTLKFICTTG

KLPVPWPTLVTTLTYGVQCFSRYPDHMKQHDFFKSAMPEGYVQERTIFFKDDGN

YKTRAEVKFEGDTLVNRIELKGIDFKEDGNILGHKLEYNYNSHNVYIMADKQKN

GIKVNFKIRHNIEDGSVQLADHYQQNTPIGDGPVLLPDNHYLSTQSALSKDPNEK

RDHMVLLEFVTAAGITLGMDELYK*

附录B：病毒学大事记

表 附B-1：病毒学大事记

时间	发现/事件
1796年	将牛痘病毒作为天花疫苗
1846年	发现免疫记忆能够防止再次感染麻疹病毒（疫苗策略的原理基础）
1857年	正式创立微生物学
1858年	提出进化和自然选择理论
1865年	创立遗传学
1883年	创立免疫学
1885年	研制首个狂犬病疫苗
1892—1898年	首次证明滤过性植物病毒——烟草花叶病毒
1898年	首次证明滤过性动物病毒——口蹄疫病毒
1900年	发现第一种感染人的病毒——黄热病毒
1904—1908年	首次证明病毒可导致白血病——逆转录病毒
1908年	首次发现病毒可抑制免疫反应——麻疹病毒
1909年	分离脊髓灰质炎病毒

时间	发现/事件
1911年	发现麻疹病毒
1911年	首次证明病毒可导致实体肿瘤——鲁斯肉瘤病毒
1915年	发现噬菌体
1917年	发明噬菌体空斑测试法
1919年	发现单纯疱疹病毒
1923—1928年	首次用组织培养病毒——鲁斯肉瘤病毒、痘病毒
1928年	开始病毒性疾病诊断
1931年	使用小鼠作为病毒的宿主
1931年	使用鸡胚作为病毒的宿主
1933年	分离人类流感病毒
1933年	发现第一种致肿瘤的DNA病毒——兔乳头瘤病毒
1933年	发展电泳技术——用于检测核酸大小等
1935年	首次结晶纯化病毒——烟草花叶病毒
1936年	发现兔乳头瘤病毒可在其他物种中诱发肿瘤
1936年	发现第一种沙粒病毒——淋巴细胞性脉络丛脑膜炎病毒
1937—1951年	首次利用动物开发疫苗——黄热病毒17D株疫苗
1939年	获得电子显微镜拍摄的第一张病毒照片——烟草花叶病毒
1939年	发明测定病毒一步生长曲线的方法
1941年	发现流感病毒血凝现象，发明血凝抑制实验
1941年	发现风疹病毒感染胚胎可致先天性发育异常
1944年	发现DNA是遗传物质
1945年	开发灭活流感疫苗
1946年	首个与病毒有关的诺贝尔奖——斯坦利纯化烟草花叶病毒

时间	发现/事件
1948—1955年	使用细胞和组织培养技术来扩增和研究病毒成为常规手段；开发和优化适用于细胞生长的培养基
1953年	发现DNA的结构
1953年	发明免疫荧光技术
1954年	开发脊髓灰质炎灭活疫苗
1954年	提出"慢速病毒"（现称为慢病毒）的概念
1954年	发现胸腺在抗病毒免疫反应中的作用
1954—1961年	利用组织培养技术开发脊髓灰质炎疫苗和麻疹病毒疫苗
1956年	发现病毒RNA具有感染性——烟草花叶病毒
1956年	发现巨细胞病毒
1957年	发现干扰素
1957年	开发针对麻疹、腮腺炎、风疹、甲型肝炎、乙型肝炎的疫苗
1959年	开发活病毒减毒疫苗预防脊髓灰质炎
1959年	发明负染色电子显微镜技术，用于更好地成像
1959年	发现抗体结构和分子功能
1959年	发明和使用放射性免疫实验技术，用来研究核酸
1950—1980年	发明病毒空斑定量测试等一系列技术；建立分子生物学和分子病毒学
1950—1990年	逐步了解并认识朊病毒及其持续、潜伏和慢性感染
1962年	发现病毒正二十面体结构及其机制
1967年	发明SDS聚丙烯酰胺凝胶电泳，用于检测蛋白质大小等
1973年	完成首个病毒基因组的限制性酶切图谱——猴空泡病毒SV40
1975年	发现乙型肝炎病毒慢性感染与肝癌之间的相关性
1976年	发现具有传染性的裸RNA分子——类病毒
1976年	发现埃博拉病毒

时间	发现/事件
1977年	最后一位天花病例被治愈
1978—1983年	首次解析病毒的原子水平结构——番茄浓密特技病毒、脊髓灰质炎病毒、鼻病毒
1980—2000年	从分子水平分析黄热病毒的结构和功能
1980—2010年	逐步了解疱疹病毒的遗传图谱和基因功能
1980—2010年	逐步了解人乳头瘤病毒与肿瘤的相关性，并开发相关疫苗
1981年	首次揭示病毒糖蛋白的原子结构——流感病毒血凝素
1981—1984年	发现首个人类逆转录病毒
1984—2000年	开发首个分子重组病毒疫苗和首个成功预防癌症的疫苗——乙型肝炎病毒疫苗
1985年	发明聚合酶链式反应（PCR）
1987年	开发第一种经FDA批准的抗艾滋病药物
1988—2010年	建立病毒进化与病毒准种的现代概念
1991年	发明鸟枪法克隆
1993年	修改科赫法则——建立证明病毒与疾病相关性的分子标准
1994—2010年	逐步建立和发展负单链RNA病毒的反向遗传学方法
1990—目前	逐步揭示T细胞和B细胞产生和免疫记忆的机制
1998—2006年	发现持续性病毒感染与免疫抑制因子引发的T细胞耗竭有关
1990—目前	发展针对新病毒的现代分子检测技术
2003年	发现SARS病毒
2005年	通过分子重建构建了1918年大流行的流感病毒的基因组序列
2000—目前	计划消除脊髓灰质炎病毒和麻疹病毒
2019—2022年	发现新冠病毒
2023—目前	……

附录 C：与病毒有关的诺贝尔奖

表附 C-1：与病毒有关的诺贝尔奖

时间	奖项	获奖者	国籍	获奖时所属机构	获奖原因
1946年	诺贝尔化学奖	詹姆斯·巴彻勒·萨姆纳	美国	康奈尔大学	发现了酶可以结晶
		约翰·霍华德·诺思罗普	美国	洛克菲勒医学研究所（今洛克菲勒大学）	制备了纯化形式的酶和病毒蛋白
		温德尔·梅雷迪恩·斯坦利	美国	洛克菲勒医学研究所（今洛克菲勒大学）	
1951年	诺贝尔生理学或医学奖	马克斯·泰累尔	南非	洛克菲勒基金会医学与公共健康分部实验室	黄热病及其减毒疫苗上的发现
1954年	诺贝尔生理学或医学奖	约翰·富兰克林·恩德斯	美国	哈佛医学院 波士顿儿童医院传染病研究部	发现脊髓灰质炎病毒在多种组织培养物中的生长能力
		弗雷德里克·查普曼·罗宾斯	美国	波士顿儿童医院传染病研究部	
		托马斯·哈克尔·韦勒	美国	西储大学（今凯斯西储大学）	
1958年	诺贝尔生理学或医学奖	乔治·韦尔斯·比德尔	美国	加州理工学院	发现基因可通过调节生物体内特定的反应而发生作用
		爱德华·劳里·塔特姆	美国	洛克菲勒医学研究所	
		乔舒亚·莱德伯格	美国	威斯康星大学麦迪逊分校	发现细菌遗传物质的基因重组和组织（也证明噬菌体可以向细菌中递送 DNA）

续表

时间	奖项	获奖者	国籍	获奖时所属机构	获奖原因
1965年	诺贝尔生理学或医学奖	方斯华·贾克柏	法国	巴斯德研究所	在酶和病毒合成的遗传控制中的发现
		安德烈·利沃夫	法国	巴斯德研究所	
		贾克·莫诺	法国	巴斯德研究所	
1966年	诺贝尔生理学或医学奖	裴顿·劳斯	美国	洛克菲勒大学	发现诱导肿瘤的病毒
		查尔斯·布兰顿·哈金斯	美国	芝加哥大学本梅癌症研究实验室	发现前列腺癌的激素疗法
1969年	诺贝尔生理学或医学奖	马克斯·德尔布吕克	美国	加州理工学院	在病毒的复制机理和遗传结构方面的发现
		阿弗雷德·第·赫希	美国	华盛顿卡内基研究所	
		萨尔瓦多·爱德华·卢瑞亚	美国	麻省理工学院	
1975年	诺贝尔生理学或医学奖	戴维·巴的的摩	美国	麻省理工学院	发现肿瘤病毒和细胞的遗传物质之间的相互作用
		罗纳托·杜尔贝科	美国	帝国癌症研究基金实验室（今伦敦癌症研究所）	
		霍华德·马丁·特明	美国	威斯康星大学麦迪逊分校	
1976年	诺贝尔生理学或医学奖	巴鲁克·塞缪尔·布隆伯格	美国	费城癌症研究所	发现传染病产生和传播的新机理（乙型肝炎和库鲁病）
		丹尼尔·卡尔顿·盖杜谢克	美国	美国国立卫生研究院	
1978年	诺贝尔生理学或医学奖	沃纳·亚伯	瑞士	巴塞尔大学	发现限制性内切酶及其在分子遗传学方面的应用（该研究利用细菌和噬菌体进行）
		丹尼尔·那森斯	美国	约翰·霍普金斯大学	
		汉米尔顿·奥塞内尔·史密斯	美国	约翰·霍普金斯大学	

续表

时间	奖项	获奖者	国籍	获奖时所属机构	获奖原因
1980年	诺贝尔化学奖	保罗·伯格	美国	斯坦福大学	对核酸的生物化学研究，特别是对重组DNA的研究（该研究利用噬菌体和病毒进行）
		沃特·吉尔伯特	美国	哈佛大学	发明核酸中DNA碱基序列的测定方法
		弗雷德里克·桑格	英国	英国医学研究委员会分子生物学实验室	
1989年	诺贝尔生理学或医学奖	约翰·迈克尔·毕晓普	美国	加州大学旧金山分校	发现逆转录病毒致癌基因的细胞来源
		哈罗德·艾略特·瓦慕斯	美国	加州大学旧金山分校	
1993年	诺贝尔生理学或医学奖	理查德·约翰·罗伯茨	英国	新英格兰生物实验室	发现断裂基因（该研究利用病毒和噬菌体进行）
		菲利普·艾伦·夏普	美国	麻省理工学院 国立癌症研究中心	
1996年	诺贝尔生理学或医学奖	彼得·查尔斯·杜赫提	澳大利亚	圣裘德儿童研究医院	发现细胞介导的免疫防御特性（针对淋巴细胞脉络丛脑膜炎病毒）
		罗夫·马丁·辛克纳吉	瑞士	苏黎世大学	
1997年	诺贝尔生理学或医学奖	史坦利·本杰明·布鲁希纳	美国	加州大学旧金山分校	发现朊病毒——揭示感染的一种新的生物学理论
2008年	诺贝尔生理学或医学奖	哈拉尔德·楚尔·豪森	德国	德国癌症研究中心	发现导致子宫颈癌的人乳头状瘤病毒
		弗朗索瓦丝·巴尔-西诺西	法国	巴斯德研究所	发现人类免疫缺陷病毒
		吕克·蒙塔尼	法国	世界艾滋病研究和预防基金会	

续表

时间	奖项	获奖者	国籍	获奖时所属机构	获奖原因
2012年	诺贝尔生理学或医学奖	约翰·伯特兰·格登	英国	格登研究所	发现成熟细胞可被重写成多功能细胞，细胞核重编程技术（该研究使用慢病毒载体作为基因导入的工具）
		山中伸弥	日本	京都大学 格莱斯顿研究所	
2018年	诺贝尔化学奖	弗朗西斯·汉密尔顿·阿诺德	美国	加州理工学院	酶的定向进化
		乔治·皮尔森·史密斯	美国	密苏里大学哥伦比亚分校	发现多肽和抗体的噬菌体展示技术（使用噬菌体作为关键技术手段）
		格雷戈里·保罗·温特尔	英国	英国医学研究委员会分子生物学实验室	
2020年	诺贝尔生理学或医学奖	哈维·詹姆斯·阿尔特	美国	美国国立卫生研究院	发现丙型肝炎病毒
		迈克尔·霍顿	英国	阿尔伯塔大学	
		查尔斯·莫恩·赖斯	美国	洛克菲勒大学	
2020年	诺贝尔化学奖	埃玛纽埃勒·沙尔庞捷	法国	柏林马克斯·普朗克病原学研究室	开发了一种基因组编辑方法（CRISPR最早发现于细菌中，是细菌对抗噬菌体感染的手段之一）
		珍妮弗·安妮·道德纳	美国	加州大学伯克利分校	

附录 D: 感染人类的病毒及首次人类感染报道时间（截至 2005 年）

表附 D–1: 感染人类的病毒及首次人类感染报道时间（截至 2005 年）

发现时间	病毒中文名	英文名	发现时间	病毒中文名	英文名
1901 年	黄热病毒	Yellow fever virus	1933 年	圣路易斯脑炎病毒	St.Louis encephalitis virus
1903 年	狂犬病毒	Rabies virus	1934 年	猴疱疹病毒 1 型	Macacine herpesvirus 1
1907 年	登革病毒	Dengue virus	1934 年	乙型脑炎病毒	Encephalitis B virus
1907 年	人乳头瘤病毒	Human papilloma virus	1934 年	羊跳跃病病毒	Louping ill virus
1907 年	传染性软疣病毒	Molluscum contagiosum virus	1934 年	流行性腮腺炎病毒	Mumps virus
1907 年	天花病毒	Variola virus	1934 年	羊口疮病毒	Orf virus
1909 年	脊髓灰质炎病毒	Poliovirus	1937 年	蜱传脑炎病毒	Tick-borne encephalitis virus
1911 年	麻疹病毒	Measles virus	1938 年	牛痘病毒	Cowpox virus
1919 年	水痘 – 带状疱疹病毒	Varicella-zoster virus	1938 年	东方马脑炎病毒	Eastern equine encephalitis virus
1921 年	单纯疱疹病毒 1 型	Herpes simplex virus 1	1938 年	风疹病毒	Rubella virus
1931 年	裂谷热病毒	Rift Valley fever virus	1938 年	委内瑞拉马脑炎病毒	Venezuelan equine encephalitis virus
1933 年	甲型流感病毒	Influenza A virus	1938 年	西方马脑炎病毒	Western equine encephalitis virus
1933 年	淋巴细胞脉络丛脑膜炎病毒	Lymphocytic choriomeningitis virus	1940 年	乙型流感病毒	Influenza B virus

发现时间	中文名	英文名	发现时间	中文名	英文名
1940年	西尼罗病毒	West Nile virus	1953年	人鼻病毒 A 型	Human rhinovirus A
1941年	布汪巴病毒	Bwamba virus	1954年	人腺病毒 B 型	Human adenovirus B
1943年	新城疫病毒	Newcastle disease virus	1954年	人腺病毒 C 型	Human adenovirus C
1944年	那不勒斯白蛉热病毒	Sandfly fever Naples virus	1954年	人腺病毒 E 型	Human adenovirus E
1946年	科罗拉多蜱传热病毒	Colorado tick fever virus	1955年	人腺病毒 D 型	Human adenovirus D
1947年	鄂木斯克出血热病毒	Omsk haemorrhagic fever virus	1956年	基孔肯雅病毒	Chikungunya virus
1948年	脑心肌炎病毒	Encephalomyocarditis virus	1956年	人巨细胞病毒	Human cytomegalovirus
1948年	人肠道病毒 C 型	Human enterovirus C	1956年	人副流感病毒 2 型	Human parainfluenza virus 2
1949年	人肠道病毒 A 型	Human enterovirus A	1956年	伊列乌斯病毒	Ilheus virus
1949年	人肠道病毒 B 型	Human enterovirus B	1957年	人腺病毒 A 型	Human adenovirus A
1950年	丙型流感病毒	Influenza C virus	1957年	人呼吸道合胞病毒	Human respiratory syncytial virus
1950年	水疱性口炎病毒	Vesicular stomatitis virus	1957年	基萨诺尔森林病病毒	Kyasanur forest disease virus
1951年	布尼亚韦拉病毒	Bunyamwera virus	1957年	马亚罗病毒	Mayaro virus
1952年	加利福尼亚脑炎病毒	California encephalitis virus	1957年	韦塞尔斯布朗病毒	Wesselsbron virus
1952年	墨累山谷脑炎病毒	Murray Valley encephalitis virus	1958年	人副流感病毒 1 型	Human parainfluenza virus 1
1952年	恩塔亚病毒	Ntaya virus	1958年	人副流感病毒 3 型	Human parainfluenza virus 3

续表

发现时间	病毒 中文名	病毒 英文名	发现时间	病毒 中文名	病毒 英文名
1958年	人副肠孤病毒	Human parechovirus	1963年	雅巴猴肿瘤病毒	Yaba monkey tumour virus
1958年	胡宁病毒	Junin virus	1964年	爱泼斯坦-巴尔病毒	Epstein-Barr virus
1959年	斑齐病毒	Banzi virus	1964年	马秋波病毒	Machupo virus
1959年	瓜罗阿病毒	Guaroa virus	1964年	寨卡病毒	Zika virus
1959年	波瓦生病毒	Powassan virus	1965年	查格雷斯病毒	Chagres virus
1960年	人副流感病毒4型	Human parainfluenza virus 4	1965年	口蹄疫病毒	Foot and mouth disease virus
1960年	人鼻病毒B型	Human rhino virus B	1965年	塔纳痘病毒病	Tanapox virus
1961年	卡拉帕鲁病毒	Caraparu virus	1965年	怀俄米亚病毒	Wyeomyia virus
1961年	卡图病毒	Catu virus	1966年	钱吉诺拉病毒	Changuinola virus
1961年	奥-奈氏病毒	O'nyong-nyong virus	1966年	人冠状病毒229E型	Human coronavirus 229E
1961年	奥罗波希病毒	Oropouche virus	1966年	昆仑佛病毒	Quaranfil virus
1962年	里约布拉沃病毒	Rio Bravo virus	1966年	松鼠猴疱疹病毒1型	Saimiriine herpesvirus 1
1962年	辛德毕斯病毒	Sindbis virus	1967年	草地埔拉病毒	Chandipura virus
1963年	马鼻炎病毒A型	Equine rhinitis virus A	1967年	克里米亚-刚果出血热病毒	Crimean-Congo haemorrhagic fever virus
1963年	大岛病毒	Great Island virus	1967年	人冠状病毒OC43型	Human coronavirus OC43
1963年	伪牛痘病毒	Pseudocowpox virus	1967年	人肠道病毒D型	Human enterovirus D

续表

发现时间	病毒 中文名	病毒 英文名	发现时间	病毒 中文名	病毒 英文名
1967 年	皮理病毒	Piry virus	1972 年	猴痘病毒	Monkeypox virus
1967 年	塔卡厄马病毒	Tacaiuma virus	1972 年	诺瓦克病毒	Norwalk virus
1968 年	单纯疱疹病毒 2 型	Herpes simplex virus 2	1972 年	罗斯河病毒	Ross River virus
1968 年	塔塔格温病毒	Tataguine virus	1973 年	斑吉病毒	Bangui virus
1970 年	大沼泽地病毒	Everglades virus	1973 年	杜比病毒	Dugbe virus
1970 年	乙型肝炎病毒	Hepatitis B virus	1973 年	甲型肝炎病毒	Hepatitis A virus
1970 年	拉沙病毒	Lassa virus	1973 年	科汤卡恩病毒	Kotonkan virus
1970 年	庞塔托鲁白岭热病毒	Punta Toro virus	1973 年	轮状病毒 A 型	Rotavirus A
1971 年	阿罗阿病毒	Aroa virus	1973 年	塔迪病毒	Tamdy virus
1971 年	BK 病毒	BK virus	1974 年	盖塔病毒	Getah virus
1971 年	杜文黑基病毒	Duvenhage virus	1975 年	细小病毒 B19 型	Parvovirus B19
1971 年	JC 病毒	JC virus	1975 年	班杰病毒	Bhanja virus
1971 年	痘苗病毒	Vaccinia virus	1975 年	人类星状病毒	Human astrovirus
1972 年	牛丘疹性口炎病毒	Bovine papular stomatitis virus	1975 年	利庞博病毒	Lebombo virus
1972 年	莫科拉病毒	Mokola virus	1975 年	舒尼病毒	Shuni virus

224

续表

发现时间	病毒 中文名	病毒 英文名	发现时间	病毒 中文名	病毒 英文名
1975年	索戈托病毒	Thogoto virus	1984年	轮状病毒B型	Rotavirus B
1976年	奥轮谷病毒	Orungo virus	1985年	博尔纳病毒	Borna disease virus
1976年	沃诺赖病毒	Wanowrie virus	1986年	欧洲蝙蝠狂犬病病毒2型	European bat lyssavirus 2
1976年	苏丹埃博拉病毒	Sudan Ebola virus	1986年	人类疱疹病毒6型	Human herpesvirus 6
1976年	扎伊尔埃博拉病毒	Zaire Ebola virus	1986年	人类免疫缺陷病毒2型	Human immunodeficiency virus 2
1977年	丁型肝炎病毒	Hepatitis D virus	1986年	卡索罗病毒	Kasokero virus
1978年	汉坦病毒	Hantaan virus	1986年	科科贝拉病毒	Kokobera virus
1978年	伊塞克湖病毒	Issyk-Kul virus	1986年	轮状病毒C型	Rotavirus C
1980年	人类嗜T淋巴细胞病毒1型	Human T-lymphotropic virus 1	1987年	多里病毒	Dhori virus
1980年	普马拉病毒	Puumala virus	1987年	海豹痘病毒	Sealpox virus
1982年	人类嗜T淋巴细胞病毒2型	Human T-lymphotropic virus 2	1987年	猪疱疹病毒1型	Suid herpesvirus 1
1982年	汉城病毒	Seoul virus	1988年	巴马森林病毒	Barmah Forest virus
1983年	坎迪鲁病毒	Candiru virus	1988年	小双节RNA病毒	Picobirnavirus
1983年	戊型肝炎病毒	Hepatitis E virus	1989年	欧洲蝙蝠狂犬病病毒1型	European bat lyssavirus 1
1983年	人腺病毒F型	Human adenovirus F	1989年	丙型肝炎病毒	Hepatitis C virus
1983年	人类免疫缺陷病毒1型	Human immunodeficiency virus 1	1990年	版纳病毒	Banna virus
1984年	人环曲病毒	Human torovirus	1990年	甘甘病毒	Gan Gan virus

续表

发现时间	病毒 中文名	病毒 英文名	发现时间	病毒 中文名	病毒 英文名
1990 年	雷斯顿埃博拉病毒	Reston Ebola virus	1996 年	澳大利亚蝙蝠狂犬病病毒	Australian bat lyssavirus
1990 年	塞姆里克森林病毒	Semliki Forest virus	1996 年	朱基塔巴病毒	Juquitiba virus
1990 年	特鲁巴纳曼病毒	Trubanaman virus	1996 年	乌苏图病毒	Usutu virus
1991 年	瓜纳里托病毒	Guanarito virus	1997 年	拉古纳内格拉病毒	Laguna Negra virus
1992 年	多布拉瓦-贝尔格莱德病毒	Dobrava-Belgrade virus	1998 年	梅那哥病毒	Menangle virus
1993 年	辛诺柏病毒	Sin Nombre virus	1999 年	尼帕病毒	Nipah virus
1994 年	亨德拉病毒	Hendra virus	1999 年	细环病毒	Torque teno virus
1994 年	人类疱疹病毒 7 型	Human herpesvirus 7	2000 年	白水阿罗约病毒	Whitewater Arroyo virus
1994 年	人类疱疹病毒 8 型	Human herpesvirus 8	2001 年	狒狒巨细胞病毒	Baboon cytomegalovirus
1994 年	萨比亚病毒	Sabia virus	2001 年	人偏肺病毒	Human metapneumovirus
1995 年	牛轭湖病毒	Bayou virus	2003 年	SARS 冠状病毒	SARS coronavirus
1995 年	黑溪运河病毒	Black Creek Canal virus	2004 年	人冠状病毒 NL63 型	Human coronavirus NL63
1995 年	科特迪瓦埃博拉病毒	Cote d' Ivoire Ebola virus	2005 年	人博卡病毒	Human bocavirus
1995 年	庚型肝炎病毒	Hepatitis G virus	2005 年	人冠状病毒 HKU1 型	Human coronavirus HKU1
1995 年	纽约病毒	New York virus	2005 年	人类嗜 T 淋巴细胞病毒 3 型	Human T-lymphotropic virus 3
1996 年	安第斯病毒	Andes virus	2005 年	人类嗜 T 淋巴细胞病毒 4 型	Human T-lymphotropic virus 4

注：部分病毒的中译名没有统一标准，故选择了较为常用的译法。

附录E：中国国家免疫规划疫苗及接种时间表

在中国，儿童从出生后至12岁，都要进行疫苗接种。其中，国家免疫规划疫苗（也被称为一类疫苗）由政府支付疫苗费用，免费提供给居民进行免疫接种。居住在中国境内的居民在依法享有接种免疫规划疫苗的权利的同时，也应该履行接种免疫规划疫苗的义务。这类疫苗是每个孩子都必须要注射的，没有相应的接种注射记录，上幼儿园和小学的时候就不能正常入学。

表附E-1：国家免疫规划疫苗儿童免疫程序表（2021年版）

可预防疾病及病原体		疫苗种类	英文缩写	剂次	接种剂次与接种时间				
疾病	致病病原体				1	2	3	4	5
乙型肝炎	乙型肝炎病毒	乙肝疫苗	HepB	3	出生	1月龄	6月龄		
结核病	结核杆菌	卡介苗	BCG	1	出生				
脊髓灰质炎	脊髓灰质炎病毒	脊灰灭活疫苗	IPV	4	2月龄	3月龄			
		脊灰减毒活疫苗	bOPV				4月龄	4岁	
百日咳 白喉 破伤风	百日咳鲍特菌 白喉棒状杆菌 破伤风梭菌	百白破疫苗	DTaP	5	3月龄	4月龄	5月龄	1.5岁	
		白破疫苗	DT						6岁
麻疹 风疹 流行性腮腺炎	麻疹病毒 风疹病毒 腮腺炎病毒	麻腮风疫苗	MMR	2	8月龄	1.5岁			

227

续表

可预防疾病及病原体		疫苗种类	英文缩写	剂次	接种剂次与接种时间				
疾病	致病病原体				1	2	3	4	5
流行性乙型脑炎	乙型脑炎病毒	乙脑减毒疫苗	JE-L	2	8月龄	2岁			
		乙脑灭活疫苗	JE-I	4	8月龄	8月龄	2岁	6岁	
流行性脑脊髓膜炎	脑膜炎球菌	A群流脑多糖疫苗	MPSV-A	4	6月龄	9月龄			
		A+C群流脑多糖疫苗	MPSV-AC				3岁	6岁	
甲型病毒性肝炎	甲型肝炎病毒	甲肝减毒疫苗	HepA-L	1	1.5岁				
		甲肝灭活疫苗	HepA-I	2	1.5岁	2岁			

注:1. 结核病主要指结核性脑膜炎、粟粒性肺结核等。2. 选择乙脑减毒疫苗接种时,采用两剂次接种程序。选择乙脑灭活疫苗接种时,采用4剂次接种程序;乙脑灭活疫苗第1、2剂间隔7—10天。3. 选择甲肝减毒疫苗接种时,采用一剂次接种程序。选择甲肝灭活疫苗接种时,采用两剂次接种程序。